Today is sandwich day ^x

오늘은 샌드위치

가볍게 만들어
분위기 있게 즐기는
슬로푸드

샌
드
위
치

쉽고 빨리 만들어 간편하게 먹을 수 있는 샌드위치. 입맛이 없거나 가볍고 산뜻하게 먹고 싶을 때 즐겨 찾는 메뉴지요. 요즘은 잡곡빵이나 바게트, 베이글 등 건강빵에 각종 야채를 풍부하게 넣고 저칼로리 웰빙식으로 인기를 끌고 있답니다.

빵 사이에 신선하고 영양가 풍부한 재료들을 넣고 소스를 뿌려서 먹는 샌드위치는 빵의 탄수화물, 야채의 비타민과 미네랄, 기타 속재료의 단백질을 비롯한 각종 영양소가 골고루 들어 있어 영양의 균형이 뛰어난 일품요리입니다. 게다가 만들기 쉽고 언제 어디서나 먹기 편해 현대인들의 라이프스타일과도 잘 어울린답니다. 입맛에 따라 속재료와 소스에 변화를 주면 얼마든지 다양한 샌드위치를 즐길 수 있어요.

집에서도 과연 그럴듯한 샌드위치를 만들 수 있을까 싶겠지만 맛내기 요령만 알면 샌드위치 전문점 못지않은 맛을 낼 수 있어요.

우선 신선한 빵과 속재료 몇 가지만 있으면 절반은 완성된 셈. 샌드위치의 단골 재료인 햄·베이컨·치즈·달걀 등은 미리 준비해두고, 냉장고에 남아 있는 야채들을 이용하면 클럽 샌드위치나 BLT 샌드위치도 거뜬히 만들 수 있답니다.

색다른 샌드위치를 원한다면 빵과 속재료, 소스에 변화를 주는 것도 방법입니다. 요즘은 칼로리를 줄이고 맛은 담백한 건강빵이 유행이니 식빵 외에 잡곡빵, 바게트, 베이글, 포카치아 등 여러 가지 빵을 활용해보세요.

속재료는 베이컨과 달걀 외에 닭가슴살·불고기·다양한 맛의 치즈와 훈제 소시지 등을 이용하고, 야채도 상추나 양상추 외에 비타민·로메인·루콜라 등으로 변화를 줘보세요.

이 책에서는 초보자들도 쉽게 만들 수 있도록 샌드위치 만들기 기초 이론을 자세히 설명했어요. 샌드위치 레시피도 기본 샌드위치, 스페셜 샌드위치, 토스트 & 핫 샌드위치, 버거 & 랩 샌드위치, 전문점 인기 샌드위치 등으로 나누어 66가지의 다양한 샌드위치를 소개하고 있고요. 특히 입소문 난 샌드위치 전문점의 인기 메뉴 조리법까지 실려 있어 집에서도 특별한 맛을 낼 수 있답니다.

바쁜 아침 간단 메뉴로, 날씬한 몸매를 위한 다이어트 식단으로, 가족 피크닉 도시락으로, 아이들을 위한 영양 간식으로 샌드위치를 만들어보세요. 가볍고 산뜻해서 현대인의 건강식으로 그만입니다.

Contents

Part 1

샌드위치 기초 이론

Part 2

기본 샌드위치

Part 3

스페셜 샌드위치

Part 4

토스트 & 핫 샌드위치

Basic
Sandwich

샌드위치 기초 이론

빵 사이에 신선한 야채와 각종 속재료를 넣고 간편하게 즐기는 샌드위치. 샌드위치를 구성하는 재료들에 대해 알아보고 맛내기 비법, 포장법 등 샌드위치 만들기에 필요한 모든 기초 이론을 배워보자.

어떤 빵으로 만들어야 맛있을까?
샌드위치의 기본, **빵 고르기**

빵은 샌드위치의 가장 중요한 재료이자 맛을 결정하는 요소다. 식빵 외에 잡곡빵이나 호밀빵, 담백한
이탈리아 빵, 베이글 등도 많이 이용된다. 고정관념을 버리면 훨씬 다양한 맛의 샌드위치를 즐길 수 있다.

• **식빵** 담백한 맛의 기본 빵
빵 중에서 가장 기본이 되는 식빵은 토스트나 샌드위치 등에 빠짐없이 들어가는 단골 메뉴. 부드
럽고 담백해 잼이나 버터, 치즈 등 어떤 재료와도 잘 어울린다. 첨가하는 재료에 따라 우유식빵,
옥수수식빵, 밤식빵, 버터식빵 등 종류도 다양하다. 요즘은 멀티 그레인이라고 불리는 호밀이나 귀
리로 만든 검고 거친 곡물식빵이 인기다.

• **베이글** 도넛 모양의 담백한 빵
담백하고 쫄깃한 베이글은 반죽한 도우를 뜨거운 물에 튀겨서 구웠기 때문에 지방과 당분이 거의
없어 다이어트 식품으로도 인기가 높다. 지방과 달걀 등의 부재료가 많이 들어 있지 않기 때문에
다른 빵에 비해 신선도가 오래간다는 것 또한 장점이다. 냉동 보관을 할 경우, 수개월 이상, 실온
에서도 4일 정도 보관이 가능하다. 빵 자체가 담백해 발라 먹는 재료로 단맛이 많은 잼 종류보다
는 부드러운 크림치즈가 어울린다.
기본적인 재료만 넣고 만든 플레인 베이글 외에 시나몬 가루를 섞어 만든 시나몬 베이글, 양파를
다져 넣은 어니언 베이글, 블루베리나 건포도 등을 넣은 베이글 등 종류가 다양하다.

• **모닝롤** 담백하고 부드러운 아침 빵
만드는 방법이나 들어가는 재료는 식빵과 같지만 모양을 동그랗게 만들어 떼어 먹기 좋게 만든
것이 모닝롤이다. 담백하고 부드러워 아침에 먹기 좋은 빵으로 알려져 있다. 서양요리 정찬에 곁
들이거나 미니 햄버거를 만들 때도 이용된다. 잼이나 버터만 발라 먹어도 맛이 좋지만 우유나 커
피와 함께 그냥 먹어도 고소하다.

• **치아바타** 이탈리아의 바게트
이탈리아의 남부 지방에서 주로 먹는 바게트의 일종. '납작한 슬리퍼'라는 뜻으로, 모양이 납작한
슬리퍼를 닮아 이름 지어졌다. 겉은 질긴 듯하지만 속은 부드럽고 고소하며, 수분이 적어 맛이 담
백하다.

• **바게트** 겉은 딱딱하고 속은 부드러운 프랑스 빵

긴 원통 모양의 프랑스 빵으로, 단단한 껍질 속에 부드러운 속살이 들어 있어 씹을수록 쫄깃쫄깃한 맛이 좋다. 당분이나 지방이 거의 없고 맛이 아주 담백해 짭짤한 맛의 버터를 발라 먹어도 좋고, 치즈나 햄을 넣어 샌드위치로 만들어 먹어도 맛있다. 동그란 모양의 하드롤 역시 바게트의 일종이다. 하드롤은 바게트 반죽을 둥글게 나눠 만든 공 모양의 빵으로, 바게트처럼 겉은 딱딱하고 속은 부드럽다. 식사 대용으로 그냥 먹거나 속의 부드러운 부분을 파내고 샐러드 등을 넣어 먹으면 맛있다.

• **크루아상** 초승달 모양의 짭짤한 페스트리

겹겹의 층이 있는 소라 모양의 페스트리인 크루아상은 바게트와 함께 프랑스인들의 아침 식빵으로 유명하다. 크루아상은 마가린과 버터로 층을 만들어 구운 것이기 때문에 지방분이 많으면서도 적당히 짭짤해 아무것도 바르지 않고 그냥 먹어도 맛있다. 부피에 비해 가볍고 층이 많으며 속살이 결 방향으로 잘 찢어지는 크루아상이 맛있게 잘 구워진 것이다.

• **머핀** 부드럽고 촉촉한 영국인의 아침식사

밀가루에 달걀과 버터, 우유를 넉넉히 넣고 반죽해 부드럽고 촉촉한 맛이 나는 빵. 맛도 좋지만 준비하기도 간편해서 아침식사나 티타임에 주로 먹는 빵으로 알려져 있다. 반죽을 할 때 건포도나 아몬드 등의 너트류나 당근, 호박, 사과 등 야채와 과일을 넣으면 영양 만점의 빵이 된다.

이 책에 나오는 잉글리시 머핀은 이스트를 넣어 발효시킨 빵으로, 영국인들이 아침식사용으로 즐겨 먹는다. 팽창제가 들어가지 않아 모양이 납작한 것이 특징. 맛이 담백하고 부드러워 샌드위치로 만들거나 잼이나 버터를 발라 차와 함께 먹으면 맛있다.

• **파니니** 담백하고 깔끔한 맛

이탈리아어로 '작은 빵'이라는 뜻인 파니니. 담백하고 깔끔한 맛이 나는 파니니는 그대로 즐겨도 좋지만 빵 사이에 치즈나 야채, 햄 등을 끼워 넣고 파니니 기계나 그릴에 눌러 먹으면 맛있다.

• **포카치아** 짭짤하면서 담백한 빵

이탈리아 사람들이 즐겨 먹는 짭짤하면서 담백한 빵으로, 납작하게 생겼으며 약간 단단하고 바삭바삭하다. 치즈나 허브를 곁들여 먹거나 올리브오일에 찍어 먹으면 맛있다.

Tip 좋은 빵 고르는 비결

빵의 표면이 고르고 윤기가 있으며 손에 쥔 느낌이 크기에 비해 가벼운 것이 좋은 빵이다. 냄새 역시 좋아야 하는데, 대체로 은은한 신맛이 느껴지는 것이 좋다. 잘랐을 때 속은 얼룩 없이 고른 크림색으로 촉촉하고 부드러워야 하고, 빵 안쪽의 결 역시 고른 것이어야 한다. 또 손가락으로 살짝 눌러도 모양이 곧 다시 돌아오는 탄력성이 있어야 한다.

풍성한 야채, 웰빙 샌드위치로 업그레이드!

상큼한 맛의 속재료, **야채**

비타민과 미네랄이 풍부해 영양의 균형을 맞춰주는 재료. 샌드위치에 쓰이는 야채는 다양한데, 주재료에 따라 야채를 맞추면 샌드위치의 영양은 물론 맛과 향, 씹는 맛까지 업그레이드 시킬 수 있다.

• **로메인 레터스** 상추의 한 종류로 부드러운 맛이 특징이다. 예부터 로마인들이 즐겨 먹었다고 해서 '로메인'이라는 이름이 붙었다. 샐러드에 가장 많이 쓰이며 샌드위치에도 자주 이용된다.

• **상추** 샌드위치, 햄버거에 자주 쓰이는 야채. 비타민 A와 비타민 B군, 철분과 칼슘 등이 풍부하며 신경 안정 효과가 있어서 여성들에게 특히 좋다.

• **라디치오** 양손을 오므리고 있는 모양으로, 약간 쌉쌀하지만 색이 고와 샐러드에 많이 이용된다. 톡 쏘는 맛과 연한 쓴맛이 샌드위치에 잘 어울린다.

• **양상추** 샐러드와 샌드위치에 가장 많이 쓰인다. 한 잎씩 떼어 씻어 물기를 털어내고 필요한 크기로 잘라 쓴다. 밑동이 붉은색으로 변하지 않은 것이 신선하다.

• **롤로로사** 상추와 비슷하게 생긴 잎채소로 잎 끝이 붉고 오글거리는 것이 특징이다. 잎이 연하고 부드러우며 향이 강하지 않아 어떤 재료와도 잘 어울린다. 비타민과 철분의 함량이 높아 혈액순환과 신진대사를 촉진시킨다.

• **루콜라** 약간 떫은맛이 나는 향긋한 이탈리아 채소로, 열무와 비슷하게 생겼다. 약간 매운맛이 있지만 씹다 보면 고소한 맛이 난다. 샌드위치, 샐러드, 피자 등에 많이 사용한다.

• **파슬리** 서양요리에 장식용으로 많이 사용되지만 그냥 먹어도 된다. 샐러드에 넣어 먹거나 다져서 드레싱에 섞으면 좋다. 각종 튀김옷이나 반죽에 파슬리 다진 것을 섞어 넣으면 향도 살고 모양도 난다.

• **치커리** 은은한 쓴맛이 나며 억세지 않다. 잎이 넓은 것이 좁은 것보다는 신선한 편. 단맛이 나는 피망과 함께 쌈, 샐러드, 무침 등으로 주로 이용한다. 살짝 볶아 익혀 먹어도 좋다.

• **토마토** 육류, 햄, 베이컨 등의 느끼한 맛을 줄여주고 신선한 맛을 더해주는 재료. 토마토 자체가 풍부한 소스 역할도 한다. 시판 토마토소스도 좋지만, 토마토 케첩에 토마토를 다져 넣어 만들어 먹으면 씹는 맛도 좋아진다.

• **양배추** 양배추는 억세지 않고 부드러우며 잎사귀가 시들지 않은 것을 고른다. 연한 빛이 나고, 직접 들어보았을 때 속이 꽉 차서 묵직한 게 좋다. 양배추는 잎사귀가 두툼한 편이므로 적당한 굵기로 채 썰어 넣는다.

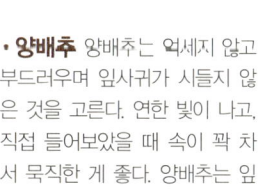

• **피망·파프리카** 비타민 C가 레몬과 맞먹을 정도로 많고, 비타민 B1·B2·D·P와 섬유질, 철분, 칼슘도 풍부하다. 빨강, 초록, 노랑 등 색상이 다양해 샌드위치를 만들었을 때 맛깔스러워 보이며 아삭아삭 씹히는 맛이 좋다.

• **청경채** 살짝 데쳐서 따뜻한 샌드위치에 이용하면 좋다. 끓는 물에 소금을 조금 넣고 뿌리 쪽부터 넣어 데쳐낸다. 특별한 향이나 맛이 없어 소스로 맛을 내는 요리에 주로 쓰이며 쌈이나 샐러드로도 많이 먹는다.

• **엔다이브** 양상추과의 채소로, 가운데 부분은 희고 바깥쪽은 노란 것이 배추의 흰 속대와 비슷하게 생겼다. 씹으면 양상추처럼 약간 쓴맛이 돌면서 아삭아삭 씹힌다.

• **겨자잎** 잎 가장자리의 오글오글한 모양이 예뻐서 샐러드에 이용하면 모양이 산다. 씹으면 약간 매운맛이 나는데, 겨자잎 특유의 이 맛이 육류나 생선의 비린내를 잡아준다. 샐러드나 쌈에 이용해도 좋다.

• **무순 & 두순** 무와 콩이 싹인 무순과 두순은 각종 요리에 곁들이로 많이 쓰인다. 무농약 재배의 청정 건강식품으로 영양가가 높다. 다른 샐러드 채소와 섞어서 담아도 되고, 마지막에 뿌려 내면 장식 효과를 거둘 수 있다.

샌드위치에 맛과 영양을 더한다

영양 만점 속재료 **달걀 · 햄 · 치즈**

샌드위치 속재료로 치즈, 햄, 달걀을 빼놓을 수 없다. 특히 치즈와 햄은 쉽고 간편하게 샌드위치 맛에
변화를 줄 수 있다. 달걀 또한 완전식품으로 샌드위치의 영양을 더하는 데 그만이다.

달걀

완전식품인 달걀은 빵에는 없
는 단백질을 공급해줄 뿐 아
니라 비타민, 미네랄도 풍부하다.
부드럽고 위에 자극이 적어 아침식
사 대용 샌드위치에 적당하다. 각종 다진 야채와 치즈를
넣어 달걀부침을 만들어 빵 사이에 넣어 먹으면 훌륭한 한
끼 식사가 된다. 샌드위치 대신 빵을 달걀물에 적셔서 굽
는 프렌치토스트도 영양 만점. 달걀 푼 것에 우유를 조금
섞어서 식빵을 담갔다가 팬에 살짝 지져내면 된다. 달걀물
이 입혀져서 촉촉하고 부드러워 먹기가 한결 좋다.

햄

샌드위치 재료로 가장 많이 쓰이는 육가공품. 잘게 다져
소스와 섞어 스프레드로 사용하거나 모양 그대로 슬라이
스된 것을 이용한다.

• **슬라이스 햄** 원래는 돼지고기의 넓적다리살을 이용해 만들
었으나 요즘은 다른 부위로도 만든다. 쇠고기, 닭고기 등의 다
양한 육류를 갈아서 조미한 후 훈연한 것이기 때문에 조리하지
않고 먹기에 적당하다. 샌드위치에 가장 많이 쓰인다.

• **살라미** 이탈리아식 소시지로 마늘 양념 후 차게 말려 만든
것이다. 맛이 짜고 진하며, 샌드위치에 넣어 먹거나 프라이팬
에 살짝 구워 먹기도 한다. 페퍼로니도 살라미의 일종이다.

• **프로슈토** 이탈리아에서 치즈 다음으로 많이 쓰이는 식자재.
돼지의 넓적다리를 소금에 절여 통째로 숙성시켜 상하지 않고
오래 보관할 수 있다. 얇게 슬라이스된 상태로 판매한다. 향이
강하고 짠맛이 있어 수분이 많은 음식과 같이 먹으면 좋다.

• **치킨 브레스트** 닭가슴살에 향신료를 넣고 훈제한 것. 닭가
슴살의 부드럽고 담백한 맛 때문에 돼지고기 다음으로 많이
사용하는 햄이다.

• **스팸** 통조림으로 만든 햄으로, 브랜드가 하나의 종류처럼 되
었다. 부드럽지만 짠맛이 강하고 기름기가 많은 편. 식빵, 모닝
롤 등 부드러운 빵에 야채와 함께 스팸을 넣어 샌드위치를 만
든다. 스팸을 구울 때는 프라이팬에 기름을 두르지 않는다.

• **프랑크푸르트소시지** 길쭉한 모양 때문에 핫도그에 주로
사용된다. 쫄깃쫄깃 씹히는 맛이 일품. 칼집을 내어 구워야 속
까지 고루 익고 소스도 잘 밴다.

• **베이컨** 돼지고기 삼겹살을 소금에 절여 훈연시킨 것으로, 바
싹 구우면 고소한 맛이 강하다. 팬에 기름을 두르지 않고 살짝
구워 낸 후 종이타월로 눌러 기름기를 빼준다. 맛이 짭짤하기
때문에 수분이 많은 야채와 함께 먹는 것이 좋다.

치즈

고급 샌드위치일수록 특별한 치즈가 들어간다. 특유의 짭짤하고 고소한 맛이 달걀, 육류, 과일 등과 잘 어울리고, 샌드위치의 맛을 더욱 좋게 해주기 때문. 종류에 따라 맛과 질감이 다르므로 각자의 입맛이나 샌드위치의 종류에 따라 골라 먹는 재미를 느낄 수 있다.

• **체더** 흔히 말하는 슬라이스 치즈는 체더치즈를 주원료로 가공한 치즈다. 신맛이 없고 고소하며 낱장으로 포장되어 이용하기 편리하다. 햄버거, 샌드위치, 술안주 등에 자주 이용된다.

• **모차렐라** 피자의 토핑으로 많이 쓰여 '피자 치즈'로 알려져 있다. 생 모차렐라는 부드럽고 탄력이 있어 그냥 먹어도 맛있다. 토마토와 생 모차렐라를 넣은 샌드위치는 신선하고 상큼한 맛이 일품이다.

• **카망베르** 겉은 흰색 곰팡이로 덮여 있고 속은 부드럽고 연하다. 버섯 향이 나기 때문에 치즈에 대한 거부감이 있는 사람들도 쉽게 먹을 수 있다. 와인과 함께 먹기 좋다.

• **에멘탈** 단단한 치즈에 속하는 에멘탈 치즈는 구멍이 숭숭 뚫려 있는 것이 특징. 냄새가 고릿하며 헤이즐넛의 향이 난다. 퐁뒤 요리에도 사용되는 치즈. 오븐에 넣어 살짝 녹여 먹는다.

• **브리** '치즈의 왕'이라고도 불린다. 씹는 맛이 매우 부드럽고 쫀득해 와인과는 최상의 궁합을 자랑한다. 견과류나 과일과 함께 먹어도 고소하다.

• **고르곤졸라** 이탈리아의 대표 치즈. 반연질의 블루 치즈로 평이한 맛을 지녔다. 드레싱뿐만 아니라 샐러드, 파스타, 샌드위치의 재료로 널리 이용된다.

Tip 고단백 저지방의 영양식품, 참치

비타민, 단백질, 칼슘 등이 골고루 함유되어 있는 참치도 샌드위치의 속재료로 안성맞춤. 영양적으로 우수할 뿐 아니라 비린내가 없고 담백해서 누구나 좋아한다. DHA가 듬뿍 들어 있어 성장기 어린이의 두뇌 활동에도 도움이 된다.
참치를 이용해 샌드위치를 만들 경우, 참치 통조림을 마요네즈에 버무려 식빵이나 크루아상, 모닝롤 등에 듬뿍 넣어 샌드위치를 완성한다. 이때 참치는 체에 받쳐 기름기를 없애야 샌드위치가 눅눅해지거나 질척거리지 않는다.

샌드위치 맛을 살려주는 **기본 소스**

샌드위치 맛을 한층 업그레이드 시켜주는 소스는 재료만큼이나 중요한 요소다. 몇 가지 기본 공식을 알아두면 샌드위치 전문점이 부럽지 않은 맛깔난 샌드위치를 만들 수 있다.

매콤한 맛
마요네즈 + 고추냉이

고추냉이가 마요네즈의 느끼함을 잡아준다. 참치 샌드위치에 이용하면 비린 맛이 없어져 산뜻하게 즐길 수 있다. 고기 패티를 넣은 샌드위치에도 잘 어울린다.

새콤한 맛
마요네즈 + 프렌치 드레싱

마요네즈에 프렌치 드레싱을 넣으면 좀 더 부드럽고 묽은 상태가 된다. 마요네즈의 고소한 맛에 새콤함이 더해져 감자샐러드, 단호박샐러드 등과 어울린다.

상큼한 맛
케첩 + 핫 소스 + 토마토

가장 흔히 사용하는 소스 중 하나. 토마토케첩에 핫 소스와 다진 토마토를 넣으면 맛이 더 풍부해진다. 햄, 치즈, 햄버거 등을 넣은 샌드위치에 잘 어울린다.

달콤한 맛
꿀 + 머스터드 + 요구르트

머스터드에 요구르트와 꿀이 어우러져 달콤하고 부드러운 맛이 난다. 겨자씨의 톡 쏘는 맛이 자극적일 때 사용하면 좋다. 샌드위치의 다양한 속재료와 어울린다.

달콤한 맛
생크림 + 과일잼

휘핑한 생크림에 설탕 대신 과일잼을 섞어 단맛을 냈기 때문에 건강에도 좋다. 크루아상, 식빵 등에 바르거나 과일 샌드위치 등에 이용한다.

고소한 맛
우유 + 땅콩버터

땅콩버터에 우유를 섞어 부드럽고 고소하며 빵에 바르기도 좋다. 부드러운 빵과 잘 어울리며 아몬드나 땅콩 등을 다져 섞으면 씹히는 맛도 좋아진다.

개운한 맛
마요네즈 + 머스터드

머스터드의 매콤한 맛과 마요네즈의 고소한 맛이 어울려 개운한 맛을 낸다. 마요네즈의 느끼함을 머스터드가 덜어준다. 생선, 육류 샌드위치에 잘 어울린다.

담백한 맛
버터 + 머스터드

클럽 샌드위치나 BLT 샌드위치처럼 다양한 재료가 들어가는 샌드위치에 어울린다. 여러 재료의 신선한 맛을 살려준다. 빵의 기본 스프레드로 무난하다.

빵에 발라 먹기 좋은 재료들

• **버터** 샌드위치용 빵에 스프레드를 하거나 모닝롤, 토스트 등에 많이 발라 먹는다. 바삭하게 구워진 따뜻한 토스트에 바르면 버터가 사르르 녹아들어 짭짤하면서도 고소한 맛이 난다. 버터 자체의 맛이 좋아 빵에 그대로 발라 먹어도 되지만 꿀과 함께 섞거나, 생크림에 넣고 휘핑해 발라 먹어도 맛있다. 마늘이나 허브를 다져 넣는 등 여러 가지 재료를 추가하면 다양한 맛을 낼 수 있다.

• **잼** 과일에 설탕을 듬뿍 넣고 조려서 만드는 잼은 빵에 발라 먹으면 달콤하고 맛있다. 하지만 당분이 많이 들어 있으므로 적당히 발라 먹는 것이 좋다. 시중에서 구입한 잼도 좋지만 집에서 직접 만들 경우 사과, 딸기, 작고 씨 없는 포도, 레몬 등이 안성맞춤. 오렌지나 레몬, 체리 등의 과일을 으깨지 않고 채 썰어 형태가 있게 조린 마멀레이드도 발라 먹기 좋다.

• **크림치즈** 우유와 생크림으로 만든 부드러운 크림치즈 역시 빵과 잘 어울린다. 특히 베이글에 발라 먹으면 제격이다. 크림치즈는 다른 종류의 치즈들보다 맛이 순하고 부드러워 누구나 좋아하는 편이다. 크림 형태이기 때문에 잘 녹아서 빵이나 크래커에 발라 먹는 스프레드용으로 많이 사용한다. 아무것도 첨가되지 않는 플레인 크림치즈를 기본으로 양파, 마늘, 허브, 파인애플 등 여러 가지 향미를 더한 제품들이 많이 나와 있어 선택의 폭도 넓다.

Tip 소스, 스프레드, 드레싱은 어떻게 다를까?

소스(Sauce) 서양요리에서 맛이나 향, 빛깔을 좋게 하기 위해 요리에 넣는 조미료를 말한다. 프랑스 요리의 비결이 바로 이 소스를 다양하게 사용한다는 데 있다. 대략 700여 가지의 소스가 있다고 한다.

스프레드(Spread) 스프레드는 빵에 수분이 흡수되는 것을 막기 위해 바르는 일종의 코팅제이다. 버터나 마요네즈, 크림치즈 등이 모두 해당되는데, 수분을 막는 기능뿐 아니라 그 자체로도 맛을 내는 역할을 하기 때문에 매우 다양하게 이용된다.

드레싱(Dressing) 드레싱은 일종의 소스라고 할 수 있다. 그중에서 샐러드나 전채요리 등에 사용되는 냉소스를 말한다. 프렌치 드레싱(비네그레트소스)이 가장 기본이 되는데 샐러드 오일과 식초, 소금이 주원료다. 여기에 향신료, 달걀, 야채, 설탕 등을 첨가하여 다양한 드레싱을 만든다. 마요네즈도 여기에 포함된다.

샌드위치 맛내기 비법

샌드위치는 각각의 재료가 조화를 이루면서도 제맛이 살아 있어야 한다. 샌드위치 맛내기 비법을 배워보자.

먹기 좋게 자른다

자르기 전, 내용물이 빠져나오지 않도록 이쑤시개나 꼬치 등으로 고정시킨 뒤 칼에 힘을 주어 한 번에 눌러 자른다. 톱니처럼 생긴 칼로 슬슬 톱질하듯 잘라야 눌리지 않고 잘 잘라진다.

랩이나 유산지로 마르지 않게 보관한다

완성된 샌드위치는 바로 먹을 것이 아니라면 랩이나 유산지에 각각 포장해서 마르지 않게 보관한다. 빵이 말라 버리면 속재료가 겉돌아 먹기 불편하고 맛도 떨어진다.

빵에 버터를 발라 눅눅해지는 것을 막는다

빵 안쪽에 버터를 바르면 속재료로 인해 빵이 눅눅해지는 것을 막고 고소한 빵맛을 유지할 수 있다. 식빵 한쪽당 버터는 1/2큰술이면 적당하다. 버터 대신 마요네즈를 바르기도 하는데 마요네즈는 주로 재료와의 밀착을 위해서 사용한다.

야채는 얼음물에 담가 신선하게 유지한다

야채는 얼음물에 담갔다가 사용한다. 양파와 양배추는 얼음물에 담가두면 맵거나 아린 맛이 빠지고 생으로 먹기 좋은 상태가 된다. 상추는 손바닥 위에 올려 탁탁 내리치면 물기도 털어지고 납작해져 샌드위치에 넣기 좋은 상태가 된다.

베이컨은 구워서 기름기를 뺀다

베이컨은 팬에 바짝 구운 뒤 종이타월로 눌러 기름기를 뺀다. 그래야 샌드위치가 눅눅해지고 식었을 때 기름기가 엉기는 것을 방지할 수 있다. 슬라이스 햄도 기름기가 부담스럽다면 뜨거운 물에 데쳐 기름기를 빼고 이용한다.

샌드위치 간단 **포장법**

도시락으로 제격인 샌드위치. 종이상자나 랩 등을 이용해 내용물이 흘러내리지 않도록 담는 것이 포인트.

샌드위치의 종류에 따라 포상법을 선택

샌드위치의 형태에 따라 적절한 용기를 선택한다. 모양의 장점을 최대한 살리면서 내용물이 흘러내리거나 포장에 묻지 않게 하는 것이 포인트. 색색의 속재료가 어우러져 맛깔스러워 보이는 샌드위치는 내용물이 보이도록 투명 비닐팩 등으로 포장하고, 롤 샌드위치는 박스에 세워 담거나 하나하나 랩으로 싸면 먹기 편하고 보기에도 예쁘다.

플라스틱 용기에 담기
뚜껑이 달린 플라스틱 용기에 바게트 샌드위치와 플레인 요구르트, 샐러드 등을 함께 담았다. 한 끼 식사로 영양면에서 손색이 없다.

먹기 좋게 랩지로 감싸기
레스토랑에서 테이크아웃 포장을 하듯 비닐 코팅된 랩지로 감싸서 먹기 편하게 포장한다. 내용물이 흐트러지는 것을 막을 수 있다.

비닐백을 이용한 개별 포장
모닝롤처럼 작은 샌드위치는 작은 비닐백에 낱개 포장을 해본다. 머핀컵에 하나씩 담으면 더욱 예쁘다. 테이프를 붙여 장식까지 하면 선물하기도 좋다.

롤 샌드위치 담기
돌돌 말린 롤 샌드위치를 종이박스에 꽂아 담으면 모양이 흐트러지지 않고 내용물도 보여 먹음직스럽다. 안쪽이 코팅이 된 것이라야 내용물을 담았을 때 찢어지거나 젖지 않는다.

미니 파운드 틀에 담기
파운드케이크를 만드는 종이 틀을 이용해 클럽 샌드위치를 담아본다. 손으로 하나씩 꺼내 먹기 좋게 4등분하여 담으면 깔끔하고 보기 좋은 포장이 된다.

Basic
Sandwich

Part 2

기본 샌드위치

샌드위치는 만들기 쉽고 먹기 간편해서 요리 초보자는 물론 바쁜 직장인에게도 환영받는 메뉴다. 기본 빵에 단골 속재료를 준비해두었다가 후다닥 만들면 아침식사로, 영양 간식으로 그만. 빵과 속재료에 변화를 주면 한결 색다른 샌드위치가 된다.

BLT 샌드위치

토마토, 양상추, 베이컨의 완벽 궁합이 이뤄내는 기본 샌드위치. 신선한 토마토, 아삭한
양상추, 짭짤한 베이컨이 어우러져 맛과 영양이 조화를 이룬답니다.

재료(2인분)

식빵 ──────── 6장
토마토(큰 것) ──── 1개
양상추 ──────── 6장
베이컨 ──────── 6장

소스

버터 ──────── 2~3큰술
마요네즈 ─────── 3~4큰술

1 식빵 구워 버터 바르기 식빵은 노릇하게 구워 버터를 얇게 펴 바른다. 버터는 빵 하나당 1/2큰술이면 된다.

2 토마토·양상추 손질하기 토마토는 꼭지를 떼고 씻어 1cm 폭으로 자른다. 양상추는 식빵 크기에 맞춰 잘라놓는다.

3 베이컨 굽기 팬에 기름을 두르지 않고 뜨겁게 달군 뒤 약한 불에서 베이컨을 바싹 구워 종이타월로 기름기를 닦는다.

4 빵에 재료 올리기 식빵에 마요네즈를 바르고 양상추, 토마토를 올린다. 다시 식빵을 한 장 올리고 마요네즈를 바른 뒤 양상추, 베이컨을 올리고 식빵을 덮는다.

소스 맛내기

BLT 샌드위치는 특별한 소스 없이 빵에 버터와 마요네즈만 스프레드 해주면 된다. 재료의 수분이 빵에 스며들지 않게 하기 위해 빵에 버터를 바르고 마요네즈를 한 번 더 발라준다.

Tip

신선한 재료가 생명인 BLT 샌드위치
베이컨(Bacon)의 B, 양상추(Lettuce)의 L, 토마토(Tomato)의 T를 따서 이름 지은 샌드위치의 기본. 신선한 재료들과 바삭하게 구운 빵이 맛을 좌우한다. 양상추는 얼음물에 5분 정도 담갔다 건져 체에 밭쳐 냉장고에 차게 두었다가 이용하면 더욱 신선하게 즐길 수 있다.

베이컨 달걀 바게트 샌드위치

부드러운 달걀과 바싹 구운 베이컨이 잘 어우러지는 샌드위치. 씨겨자 소스의 씹히는
맛이 상큼해요. 바게트로 만들어 한입 깨물면 바삭한 느낌이 더욱 좋아요.

재료(2인분)

바게트(슬라이스 한 것) —— 8장
달걀 ————————— 2개
베이컨 ———————— 4장
상추 ————————— 4장
올리브오일 —————— 1큰술

씨겨자 소스

씨겨자 ———————— 2큰술
마요네즈 ——————— 1큰술

1 바게트 굽기 바게트는 한쪽 면만 팬에 살짝 굽는다. 오래 구우면 너무 딱딱해지므로 주의한다.

2 달걀 프라이하기 팬에 올리브오일 1큰술을 두르고 달걀 2개를 각각 반숙으로 프라이한다.

3 베이컨 굽기 달군 팬에 베이컨을 바싹 구운 뒤 종이타월로 눌러 기름을 뺀다.

4 빵에 재료 올리기 씨겨자 소스를 만들어 바게트 한쪽에 바르고 상추, 베이컨, 달걀프라이를 올린 뒤 바게트로 덮는다.

소스 맛내기

메종 머스터드라고도 불리는 씨겨자 소스는 작은 밤색 알갱이인 겨자씨가 그대로 들어가 톡톡 씹히는 새콤한 맛이 입맛을 돋운다. 고기나 햄에 살짝 바르면 냄새 없이 맛있는 요리가 된다.

Tip

베이컨은 바싹, 달걀을 반숙으로 익힌다

팬을 뜨겁게 달군 뒤 베이컨을 올려 앞뒤로 바싹 굽는다. 굽자마자 종이타월로 기름을 닦아내야 식었을 때 기름기가 엉기지 않는다. 달걀프라이도 팬을 뜨겁게 달군 뒤 약한 불에서 익혀야 반숙이 잘 된다.

삼색 샌드위치

감자, 오이, 당근 등 몸에 좋은 삼색 야채를 넣어 색이 예쁘고 푸짐한 샌드위치예요.
아삭거리는 야채와 든든한 감자샐러드로 한 끼 식사를 대신할 수도 있어요.

재료(2인분)

식빵 ——————————— 8장
슬라이스 체더치즈 ——————— 6장
오이 ——————————— 1개
감자 ——————————— 2개
당근 ——————————— 2/3개
버터 ——————————— 1큰술

마요네즈 소스

마요네즈 ——————————— 6큰술
소금 ——————————— 3작은술
설탕 ——————————— 1작은술
후춧가루 ——————————— 조금

소스 맛내기

당근, 오이, 감자 등 재료에 물기가 있으면 질척거려서 샌드위치가 눅눅해지기 쉽다. 당근과 오이는 잘게 다져서 면포에 싸서 물기를 꼭 짠 뒤 마요네즈에 버무린다.

1 오이·당근·감자 손질하기 오이와 당근은 잘게 다져서 소금물에 10분쯤 절인 뒤 물기를 꼭 짠다. 감자는 끓는 물에 소금을 조금 넣고 삶아 뜨거울 때 으깬다.

2 식빵 구워 버터 바르기 식빵은 달군 팬이나 토스터에 살짝 구운 뒤 실온에 녹인 버터를 한쪽 면에 발라둔다.

3 재료에 마요네즈 섞기 다진 오이와 당근, 으깬 감자에 각각 마요네즈를 2큰술씩 넣고 고루 섞는다.

4 치즈 얹고 오이샐러드 올리기 식빵에 슬라이스 체더치즈를 한 장 깔고 오이샐러드를 펼쳐 얹은 다음 다른 식빵으로 덮는다.

5 감자샐러드 올리기 식빵 위에 다시 슬라이스 체더치즈를 깔고 감자샐러드를 얹은 다음 또 한 장의 식빵으로 덮는다.

6 당근샐러드 올리기 다시 슬라이스 체더치즈를 깔고 당근샐러드를 올린 다음 식빵으로 덮는다. 무거운 것으로 눌러 숨이 죽으면 테두리를 잘라내고 먹기 좋게 반 자른다.

클럽 샌드위치

닭고기, 베이컨, 치즈, 피클, 토마토, 양상추 등의 재료가 들어간 샌드위치의 고전이라고 불린답니다. 바삭바삭한 빵과 부드럽고 아삭거리는 속재료의 조화가 일품이죠.

재료(2인분)

식빵	6장
닭가슴살	2쪽
베이컨	8장
토마토	1개
오이	1개
양상추	1/2통
슬라이스 체더치즈	4장
오이피클	10개
소금·후춧가루·식용유	조금씩

머스터드 버터 소스

버터	3큰술
머스터드	1큰술

1 닭가슴살 밑간해 굽기 닭가슴살은 소금 1/2작은술과 후춧가루를 솔솔 뿌려 15분 정도 둔다. 간이 배면 팬에 식용유를 두르고 노릇하게 구운 후 얇게 저민다.

2 베이컨과 야채 준비하기 베이컨은 팬에 굽고 토마토는 0.5cm 두께로 자른다. 오이는 식빵 길이로 잘라 얇게 자른다. 양상추는 씻어서 식빵 크기로 찢어둔다.

3 머스터드 버터 소스 만들기 버터를 실온에 두어 부드러운 상태가 되면 머스터드와 섞어 머스터드 버터 소스를 만든다.

4 식빵에 재료 올리기 식빵을 구운 뒤 한쪽 면에 머스터드 버터 소스를 바르고 양상추, 닭가슴살, 오이피클, 토마토 순으로 올린다.

소스 맛내기

빵에 머스터드를 바르면 속재료들과의 접착이 좋고, 재료들의 수분이 빵 속에 흡수되는 것을 막을 수 있다. 머스터드 대신 마요네즈를 사용해도 되지만 머스터드가 한결 상큼한 맛이 난다. 버터와 섞어서 사용하면 고소한 맛을 더할 수 있다.

5 남은 재료 올리기 식빵 양면에 머스터드 버터 소스를 바른 뒤 ④에 올리고 다시 양상추, 치즈, 베이컨, 오이 순으로 올린다. 맨 위에 소스를 바른 식빵을 덮는다.

야채샐러드 호밀빵 샌드위치

야채와 풍미가 좋은 호밀빵의 조화를 맛볼 수 있는 샌드위치. 마요네즈에 꿀과 달걀노른
자가루를 섞어 더욱 먹음직스러워요. 냉장고에 남은 야채들을 알뜰히 활용해보세요.

재료(2인분)

호밀빵	2개
오이	1/2개
당근	1/4개
양배추	1장
슬라이스 햄	5장
겨자잎	2~4장
소금	조금

옐로 마요네즈 소스

마요네즈	4큰술
꿀	1큰술
삶은 달걀노른자가루	2개분
소금	1/3작은술

1 호밀빵 준비하기 크고 둥근 호밀빵을 1.5cm 두께로 잘라 샌드위치용으로 만든다.

2 야채·햄 준비하기 오이, 당근, 양배추는 1cm 폭으로 적당히 잘라 소금에 10분 정도 절인 뒤 찬물에 헹궈 물기를 짠다. 슬라이스 햄도 같은 크기로 자른다.

3 야채샐러드 만들기 분량의 재료를 섞어 옐로 마요네즈 소스를 만든 뒤 ②의 재료를 넣어 고루 섞는다.

4 빵에 재료 올리기 겨자잎을 호밀빵 크기에 맞게 잘라 빵에 펼친 뒤 ③의 야채샐러드를 올리고 빵을 덮는다.

소스 맛내기

마요네즈에 달걀노른자를 섞으면 고소하고 색깔도 예쁜 옐로 마요네즈 소스가 완성된다. 소스에 꿀을 조금 넣어 달콤한 맛을 더하면 더욱 맛있다.

Tip

속재료에 물기가 겉돌지 않게 하려면
샌드위치를 만들 때 속재료로 야채를 많이 넣을 경우 자칫 질척해지기 쉽기 때문에 야채의 물기를 없애는 게 중요하다. 야채를 손질한 뒤 소금에 10분 정도 절이면 아삭하게 씹히는 맛이 좋고 수분이 조절되어 촉촉한 샌드위치 맛을 느낄 수 있다.

햄 치즈 오이 롤 샌드위치

만들기 쉽고 포장하기 좋을 뿐 아니라 손에 묻히지 않고 먹을 수 있어 일석이조.

재료(2인분)

식빵	10장
오이	1/2개
슬라이스 햄	2장
슬라이스 체더치즈	2장

허니 머스터드소스

마요네즈	4큰술
머스터드	2큰술
꿀	2큰술

Tip

식빵 롤의 모양이 잘 유지되게 하려면
롤 샌드위치는 동그랗게 말린 모양을 잘 유지하는 것이 중요하다. 식빵을 밀대로 밀면 롤을 말았을 때 잘 풀어지지 않는다. 너무 세게 밀면 빵이 납작해져서 볼품이 없어지니 힘을 적당히 조절한다.

1 식빵 자르고 밀대로 밀기 식빵은 가장자리의 갈색 부분을 잘라낸 뒤 밀대로 가볍게 밀어 납작하게 만든다.

2 속재료 준비하기 오이, 슬라이스 햄, 슬라이스 체더치즈는 1cm 폭에 식빵보다 조금 작은 길이로 잘라둔다.

3 빵에 재료 올려 말기 허니 머스터드소스를 만들어 식빵의 한쪽 면에 바르고, 속재료를 적당히 올려 돌돌 말아준다.

너트 스프레드 롤 샌드위치

고소한 견과류가 씹는 맛을 더해주는 샌드위치. 아이들 건강식으로 아주 좋아요.

재료(2인분)

식빵 또는 녹차식빵 ——— 10장
아몬드 · 호두 · 땅콩 ——— 1/3컵씩

땅콩버터 소스
땅콩버터 ———————— 4큰술
우유 —————————— 2큰술
깨소금 ————————— 1큰술

Tip

남은 식빵으로 러스크 만들기
식빵으로 롤 샌드위치를 만들면 늘 자투리 부분이 처치 곤란. 버리지 말고 러스크를 만들어보자. 잘라낸 부분을 버터 두른 팬에 볶아가며 갈색으로 구운 다음 설탕을 조금 뿌리면 홈메이드 러스크가 완성된다.

1 **빵과 견과류 준비하기** 식빵은 가장자리를 잘라내고 밀대로 가볍게 밀어 약간 납작하게 만든다. 아몬드, 호두, 땅콩은 굵게 다진다.

2 **견과류 볶기** 다진 아몬드, 호두, 땅콩을 기름기 없는 팬에 살짝 볶는다.

3 **빵에 재료 올려 말기** 땅콩버터 소스를 만들어 식빵에 펴 바르고 ②의 견과류를 골고루 뿌린 뒤 돌돌 말아준다.

아몬드 크림치즈 베이글

담백하고 쫄깃한 베이글은 그냥 먹어도 좋지만 크림치즈를 발라 먹으면 더 맛있답니다.

재료(2인분)

베이글 ——————— 2개
크림치즈 —————— 4큰술
아몬드 슬라이스 ———— 1/3컵

Tip

베이글에는 부드러운 크림치즈
베이글은 뜨거운 물에 튀기듯 구운 빵으로, 지방과 당분이 거의 없어 다이어트 식품으로 인기가 높다. 빵 자체가 담백해서 발라 먹는 재료로는 단맛이 많은 잼보다는 부드러운 크림치즈가 어울린다.

1 아몬드 굽기 슬라이스한 아몬드를 오븐이나 팬에 살짝 굽는다.

2 크림치즈와 섞기 아몬드가 뜨거울 때 크림치즈에 넣고 고루 섞는다.

3 베이글 반 갈라서 바르기 베이글을 반으로 가른 뒤 아몬드 크림치즈를 고루 바른 뒤 먹기 좋게 자른다.

오이 참치 샌드위치

고소한 잡곡빵, 담백한 참치, 아삭한 오이가 만나 든든한 한 끼 식사로 손색없는 샌드위치.

재료(2인분)

잡곡식빵	4장
참치(통조림)	1컵
옥수수(통조림)	1/2컵
오이	1개
버터	조금

마요네즈 고추냉이 소스

마요네즈	2~3큰술
고추냉이(갠 것)	1/2큰술
소금	1/3작은술
후춧가루	조금

Tip

참치샐러드의 마요네즈는 적당히
참치를 마요네즈에 버무릴 때 너무 질척거리는 느낌이 들지 않게 한다. 참치의 기름기와 마요네즈가 만나면 칼로리가 지나치게 높아지고 느끼한 맛이 더해지기 때문이다. 소스에 고추냉이를 살짝 곁들이면 맛이 개운하고 깔끔하다.

1 빵에 버터 바르기 식빵의 가장자리를 자른 후 한쪽 면에만 버터를 얇게 바른다. 오이는 식빵 정도의 길이로 길게 잘라둔다.

2 소스에 참치·옥수수 섞기 마요네즈, 고추냉이, 소금, 후춧가루를 섞는다. 참치와 옥수수는 기름기와 물기를 뺀 뒤 함께 버무린다.

3 빵에 재료 올리기 식빵에 ②의 참치샐러드를 올린 다음 오이를 가지런히 놓고 식빵으로 덮는다.

매시드 포테이토 베이글

베이글 속에 으깬 감자와 버터, 허브소금, 우유 등을 섞어 넣어 고소한 맛을 더해보세요.

재료(2인분)

베이글	2개
감자	2개
달걀노른자	1개분
다진 파슬리	1큰술
슬라이스 체더치즈	2장
버터	2큰술
우유	1/2컵
허브소금	1작은술

Tip

감자는 뜨거울 때 으깬다
삶은 감자는 뜨거울 때 으깨야 한다. 감자가 식으면 다시 단단해져서 으깨기 힘들기 때문. 이때 으깨기 도구를 사용하면 힘을 덜 들이면서 곱게 으깰 수 있다. 감자에 버터를 넣으면 감자의 뜨거운 열기에 자연스럽게 녹아 섞이게 된다.

1 감자 삶기 감자는 껍질을 벗겨 작게 자른 뒤 물을 부어 삶는다. 그래야 나중에 으깨기 편하다.

2 매시드 포테이토 만들기 삶은 감자는 뜨거울 때 버터를 섞어가며 으깨고 우유, 허브소금, 달걀노른자, 다진 파슬리를 넣어 섞는다.

3 빵에 재료 올리기 베이글을 반으로 자른 뒤 슬라이스 체더치즈를 깔고 ②의 매시드 포테이토를 올려 남은 베이글로 덮는다.

고구마 베이글

건포도를 섞은 고구마 스프레드를 듬뿍 발라 더욱 담백한 샌드위치.

재료(2인분)

베이글	4개
버터	2큰술

고구마 스프레드

고구마	3개
우유	2/3컵
황설탕	4큰술
소금	조금
건포도	3큰술

Tip

건포도는 설탕물에 불려 시용한디
말려서 딱딱해진 건포도를 스프레드
에 그냥 넣으면 샌드위치의 맛을 해치
기 쉽다. 설탕물에 잠시 불려 말랑말
랑하게 한 뒤 넣도록 한다.

1 베이글에 버터 바르기 베이글
은 찜통에 부드럽게 쪄서 반 가른
뒤 실온에서 부드럽게 녹인 버터
를 바른다.

2 고구마 스프레드 만들기 고구
마는 껍질을 벗겨 삶아 부드럽게
으깬 뒤 우유, 황설탕, 소금, 건포
도를 섞어 스프레드를 만든다.

3 샌드위치 만들기 베이글 아래
쪽에 고구마 스프레드를 두텁게
바른 뒤 위쪽 베이글로 덮는다.

달걀 샌드위치

으깬 달걀에 머스터드와 마요네즈를 섞고 오이를 넣어 상큼한 맛을 보완한 샌드위치.

재료(2인분)

식빵	4장
달걀	4개
오이	1/2개
마요네즈	3큰술
디종 머스터드	2작은술
설탕	1작은술
소금 · 후춧가루	조금씩
케이엔 페퍼 가루	조금

Tip

디종 머스터드가 없으면 머스터드소스로 대체한다

디종 머스터드는 일반 머스터드보다 맵고 신맛이 더 강한 것이 특징. 디종 머스터드의 종류는 2가지가 있는데 갈색의 겨자씨가 알알이 박힌 홀그레인과 연한 미색이 도는 디종 머스터드가 있다. 디종 머스터드가 없다면 집에 있는 다른 머스터드소스로 대체해도 된다.

1 달걀 삶아 다지기 달걀을 완숙으로 삶은 뒤 찬물에 식혀 껍질을 벗기고 적당한 크기로 다진다.

2 속재료 만들기 다진 달걀에 마요네즈와 디종 머스터드, 설탕, 소금, 후춧가루, 케이엔 페퍼 가루를 넣고 고루 섞어 속재료를 만든다.

3 식빵에 재료 올리기 식빵 위에 오이를 얇게 썰어 깔고 속재료를 올린 뒤 다른 식빵으로 덮어 먹기 좋은 크기로 썬다.

맥모닝

패스트푸드점에서 사 먹던 맥모닝을 집에서 만들어보자. 따뜻한 커피와 함께라면 더 좋다.

재료(2인분)

잉글리시 머핀	4개
달걀	2개
베이컨	2장
슬라이스 체더치즈	2장
버터	조금

Tip

달걀프라이 원형 틀을 사용해보자
달걀프라이를 만들 때 원형 틀을 사용하면 동그란 모양을 만들기가 쉽다. 잉글리시 머핀보다 조금 작게 만들어 쏙 들어가게 하면 된다.

1 잉글리시 머핀 굽기 잉글리시 머핀 안쪽에 버터를 살짝 발라 팬에 굽는다.

2 달걀·베이컨 준비하기 달걀은 노른자를 깨뜨려 완숙으로 프라이하고, 베이컨은 바짝 굽는다.

3 재료 올리기 구운 잉글리시 머핀 위에 치즈와 달걀프라이, 베이컨을 올리고 다른 빵으로 덮는다.

Special
Sandwich

Part 3

스페셜 샌드위치

주말 브런치나 가벼운 손님맞이에 샌드위치를 준
비해보면 어떨까? 육류, 해산물, 야채 등 속재료의
화려한 조화가 보기만 해도 먹음직스럽고 영양도
풍부하다. 기본 샌드위치 재료에 한두 가지만 더해
보다 럭셔리한 샌드위치를 만들어보자.

토마토 마리네이드 모차렐라 샌드위치

치아바타는 겉은 딱딱하지만 속은 쫄깃하고 고소해서 샌드위치 빵으로는 제격이죠. 프레시 모차렐라와 터키 햄, 오리엔탈 드레싱으로 마리네이드한 토마토의 조화를 즐겨보세요.

재료(2인분)

치아바타 ——————— 2개
방울토마토 ——————— 15~17개
프레시 모차렐라 치즈 ——— 150g
슬라이스 터키 햄 ——————— 4장
롤로로사(또는 상추) ——————— 4장
오이피클 ——————— 4~6쪽
바질 페스토 ——————— 2~3큰술
버터 ——————— 조금

마리네이드 소스

올리브오일 ——————— 5큰술
와인식초 ——————— 3큰술
머스터드 ——————— 1작은술
설탕 ——————— 1/2작은술
소금 ——————— 1/2작은술
후춧가루 ——————— 조금

소스 맛내기

'마리네이드'란 고기나 생선, 토마토, 파프리카, 호박 같은 채소의 맛을 좋게 하기 위해 오일, 식초, 레몬즙, 허브, 소금, 후춧가루 등에 재어두는 것을 말한다. 토마토 마리네이드는 샌드위치에 다양하게 활용되는데, 샌드위치를 만들기 3시간 전에 미리 만들어두어야 맛이 고루 밴다. 마리네이드는 자체만으로도 새콤달콤한 맛이 있어 그대로 샐러드에 활용해도 좋다.

1 빵 구워 버터 바르기 치아바타는 옆으로 반 갈라 버터를 바른 뒤 200℃ 오븐에 5분간 굽는다. 빵이 잘리지 않도록 적당히 가른다.

2 방울토마토 데치기 방울토마토는 끓는 물에 5~7초간 재빨리 데쳐 찬물에 담갔다가 껍질을 벗겨둔다.

3 방울토마토 마리네이드하기 분량의 재료를 섞어 마리네이드 소스를 만든 뒤 방울토마토를 넣어 고루 섞는다.

4 나머지 재료 준비하기 프레시 모차렐라 치즈는 0.5cm 두께로 슬라이스하고, 롤로로사는 씻어서 물기를 턴다. 터키 햄과 오이피클도 준비한다.

5 빵에 재료 올리기 치아바타에 롤로로사, 오이피클, 터키 햄, 모차렐라 치즈를 올리고 마리네이드한 방울토마토를 가지런히 놓는다. 사이사이에 바질 페스토를 바르고 빵을 덮는다.

새우튀김 롤 샌드위치

새우튀김을 통째로 넣은 롤 샌드위치. 부드러운 식빵과 돌돌 말아 넣은 새우튀김이 조화를
이루고 양파를 넣은 머스터드소스가 상큼함을 더해요.

재료(2인분)

식빵	8장
중하새우	4마리
양파	1/2개
미니 아스파라거스 (10cm 정도 크기)	8개
상추	4장
소금 · 후춧가루	조금씩
식용유	적당량

튀김옷

달걀	1개
밀가루	1/3컵
빵가루	2/3컵

머스터드 양파 소스

머스터드	4큰술
다진 양파	2큰술

1 빵에 머스터드 양파 소스 바르기 식빵의 가장자리를 잘라내고 밀대로 민 뒤 머스터드 양파 소스를 만들어 식빵에 바른다.

2 새우 손질하기 새우는 머리와 껍질을 벗기고 배 쪽에 칼집을 넣은 뒤 꼬치에 길게 꽂아 소금과 후춧가루로 밑간한다.

3 새우에 튀김옷 입히기 달걀은 곱게 풀어놓고, 손질한 새우에 밀가루, 달걀물, 빵가루 순으로 튀김옷을 입힌다.

4 새우 튀기기 튀김옷 입힌 새우를 뜨거운 기름에 노릇하게 튀겨낸다. 꼬리 끝의 물집을 터뜨려야 기름이 튀지 않는다.

소스 맛내기

튀김이 들어간 샌드위치는 소스가 많으면 바삭바삭한 맛을 제대로 느낄 수 없다. 소스의 양은 식빵에 얇게 펴 바르는 정도가 적당하다. 식빵 한 개에 버터는 1/2큰술, 마요네즈는 버터의 1/2정도면 알맞다.

5 야채 손질하기 양파는 채 썰고 미니 아스파라거스는 새우를 튀겨낸 기름에 살짝 튀긴다. 상추는 깨끗이 씻어 체에 받쳐둔다.

6 빵에 재료 올려 말기 식빵 2장을 끝부분이 겹쳐지게 이어 붙여 놓고 상추, 양파채, 아스파라거스, 새우튀김을 올린 뒤 돌돌 말아 랩으로 싼다.

에그 베네딕트

대표적인 뉴욕 스타일 브런치 요리. 쫄깃한 잉글리시 머핀 위에 햄과 치즈, 부드러운
수란을 올린 다음 고소한 홀랜다이즈 소스를 듬뿍 끼얹어 맛과 모양을 살렸다.

재료(2인분)

잉글리시 머핀	2개
슬라이스 햄	2장
슬라이스 체더치즈	2장
달걀	2개
식초	1큰술
소금	1/3큰술
식용유	조금

홀랜다이즈 소스

버터	100g
다진 양파	1큰술
다진 셀러리	1큰술
달걀노른자	1개
레몬즙·소금·후춧가루	조금씩

1 머핀 굽고 양파 볶기 잉글리시 머핀을 반 갈라 마른 팬이나 토스터에 따뜻하게 굽는다. 양파와 셀러리는 다져서 팬에 살짝 볶는다.

2 수란 만들기 국자에 기름을 바르고 끓는 물 위에 올린 뒤 달걀을 깨뜨려 넣고 물속에 3~4분 정도 담가 반숙으로 익힌다.

3 달걀 휘핑하기 끓는 물 위에 스테인리스 볼을 올려놓고 달걀 노른자를 깨뜨려 거품기로 휘저어서 크림 상태로 만든다.

4 홀랜다이즈 소스 만들기 ③에 녹인 버터를 넣으면서 젓고 레몬즙, 소금, 후춧가루로 간한다. 마지막으로 볶은 양파와 셀러리를 섞어 홀랜다이즈 소스를 완성한다.

소스 맛내기

홀랜드는 원래 네덜란드를 가리키는 말로, 홀랜다이즈 소스는 중탕으로 녹인 버터와 달걀을 섞어가면서 레몬즙으로 향을 살려 만드는 것이 특징이다. 농도는 너무 되직하지 않고 마요네즈보다 조금 묽어야 한다.

5 빵에 수란 올리고 소스 끼얹기 구운 잉글리시 머핀에 슬라이스 체더치즈와 슬라이스 햄, 수란을 올린 뒤 홀랜다이즈 소스를 끼얹는다.

베이컨 양배추볶음 크루아상 샌드위치

양배추는 샌드위치에 그냥 넣어도 좋지만 살짝 익혀서 사용하면 먹기 편하고 맛도 좋아져요.
베이컨의 짭짤한 맛과도 잘 어울린답니다. 고소한 크루아상을 이용해 만들어보세요.

재료(2인분)

미니 크루아상	4개
베이컨	6장
양배추	200g
소금·후춧가루	조금씩

씨겨자 소스

씨겨자	1~2큰술
다진 양파	1/6개

1 크루아상에 소스 바르기 다진 양파와 씨겨자를 섞어 소스를 만든다. 크루아상을 옆으로 갈라 아랫면에 소스를 바른다.

2 베이컨·양배추 준비하기 베이컨은 1cm 폭으로 자르고 양배추는 3cm 길이로 굵게 채 썬다.

3 베이컨·양배추 볶기 팬에 베이컨을 볶다가 양배추를 넣고 함께 볶는다. 양배추가 숨이 반쯤 죽으면 소금, 후춧가루로 간한다.

4 빵에 재료 넣기 갈라놓은 크루아상 사이에 베이컨 양배추볶음을 넉넉히 채워 넣는다.

소스 맛내기

알알이 박힌 씨가 톡톡 터지며 매콤, 새콤한 맛을 내는 씨겨자 소스는 크루아상처럼 기름기가 촉촉한 빵에 바르면 느끼한 맛을 줄일 수 있다. 소스는 얇게 골고루 펴 바르도록 한다.

Tip

베이컨과 양배추는 센 불에서 재빨리 볶는다

베이컨을 충분히 볶아 팬에 베이컨 향이 퍼지면 양배추를 넣고 함께 볶는다. 양배추에 베이컨 향이 배어 더욱 맛있어진다. 양배추는 센 불에서 재빨리 볶아 넓은 접시에 펼쳐놓고 식힌다. 그래야 아삭한 양배추의 질감을 그대로 느낄 수 있다.

짐스 필리 치즈 스테이크

담백한 치아바타 속에 다진 쇠고기와 양파, 피망, 그뤼에르 치즈와 모차렐라 치즈로 속을
채운 샌드위치. 필라델피아의 명물 필리 버거 스타일로 만들어보자.

재료(2인분)

치아바타	2개
다진 쇠고기	100g
소금 · 후춧가루	조금씩
양파	1개
청홍피망	1/4개씩
그뤼에르 치즈	10g
모차렐라 치즈	40g
올리브오일	적당량

야채샐러드

샐러드 채소	20g
샐러드 드레싱	적당량

1 **양파·피망 볶기** 양파는 껍질을 벗기고 피망은 속의 씨를 도려낸 뒤 각각 채 썰어 올리브오일을 두른 팬에 볶는다.

2 **고기 넣고 함께 볶기** ①에 다진 고기를 넣고 함께 볶는다. 볶으면서 소금과 후춧가루로 간을 한다.

3 **치즈 넣고 섞기** 고기가 익으면 그뤼에르 치즈와 모차렐라 치즈를 넣고 잘 섞어준다.

4 **빵에 재료 올리기** 치아바타를 반 갈라 그릴팬이나 프라이팬에 살짝 구운 뒤 ③의 볶은 재료를 올리고 빵을 덮는다.

소스 맛내기

그뤼에르 치즈는 견과류의 향을 지닌 치즈로 퐁뒤의 재료로 많이 쓰인다. 그뤼에르 치즈가 없다면 에멘탈 치즈로 대신해도 된다. 부드러운 치즈가 고기와 어우러져 맛이 환상적이다.

Tip

야채샐러드로 영양의 균형을 맞춘다
짐스 필리 치즈 스테이크는 고기의 비중이 많은 샌드위치이므로 야채로 영양의 균형을 맞추는 게 중요하다. 냉장고에 있는 샐러드 채소 몇 가지에 어울리는 드레싱을 해서 야채샐러드를 만들어 함께 내면 좋다.

카프레제 샌드위치

모차렐라와 토마토를 슬라이스해서 베이글 위에 올린 카프레제 샌드위치.

재료(2인분)

베이글	2개
토마토	1개
생 모차렐라 치즈	1개
루콜라	6장
버터	조금

오리엔탈 올리브 드레싱

엑스트라버진 올리브오일	3큰술
간장	2작은술
다진 마늘	1개분
식초	1½큰술
소금 · 설탕	1/3작은술씩
후춧가루 · 다진 파슬리	조금씩

Tip

드레싱에는 엑스트라버진을
드레싱용 올리브오일은 엑스트라버진을 사용한다. 올리브오일에 다진 마늘을 넣어 드레싱을 만들 경우, 마늘은 요리 직전에 다져 넣어야 맛과 향을 충분히 살릴 수 있다.

1 베이글에 버터 바르기 베이글은 위아래로 반 갈라 양쪽에 버터를 골고루 펴 바른다.

2 야채 준비하기 토마토는 1cm 두께, 모차렐라 치즈는 0.5cm 두께로 슬라이스한다. 루콜라는 씻어 물기를 털어둔다.

3 재료 얹고 드레싱 뿌리기 베이글에 루콜라, 토마토, 치즈를 올리고 드레싱 재료를 섞어 그 위에 뿌린 뒤 빵을 덮는다.

에멘탈 바게트 샌드위치

햄의 쫄깃함과 오븐에 구운 에멘탈 치즈의 부드러움이 환상적인 조화를 이루는 샌드위치.

재료(2인분)

바게트(30cm 길이) ——— 1개
슬라이스 햄 ——————— 8장
에멘탈 치즈(슬라이스) ——— 4장
양파채(링 썰기 한 것) — 1/4개분
루콜라 ——————————— 6장

프레시 토마토소스
엑스트라버진 올리브오일 — 4큰술
식초 ——————————— 2큰술
머스터드 ——————— 1/2큰술
다진 토마토 ——————— 1/2개분
설탕 —————————— 1작은술
소금 —————————— 1/2작은술
후춧가루 ———————— 조금
핫 소스 ——————— 1/2큰술
다진 할라피뇨 ——————— 1큰술

마늘버터 소스
버터 —————————— 5큰술
다진 마늘 ——————— 1큰술
파슬리 가루 —————— 1/2큰술

1 바게트 잘라 소스 바르기 30cm 크기의 바게트를 세로로 반 자른 뒤 다시 반으로 쪼개 마늘버터 소스를 만들어 바른다.

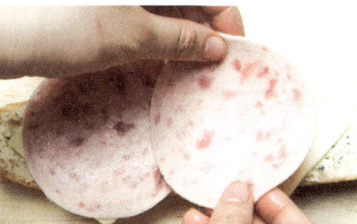

2 빵 위에 햄·치즈 올리기 ①의 빵 위에 에멘탈 치즈, 슬라이스 햄을 얹어 200℃의 오븐에 3~5분 정도 굽는다.

3 야채 올리고 소스 뿌리기 ②에 양파채, 루콜라를 얹고 프레시 토마토소스를 만들어 뿌린 뒤 빵을 덮는다.

치즈 스크램블드에그 샌드위치

달걀물에 치즈와 양파를 섞어 넣고 스크램블드에그를 만들어 샌드위치 위에 올렸어요.

재료(2인분)

잡곡식빵	4장
오이피클	8쪽
새싹채소	80g
마요네즈	2큰술

치즈 스크램블드에그

달걀	4개
우유	1/3컵
슬라이스 치즈	3장
양파	1/4개
소금	1/2작은술
후춧가루	조금
버터	1/2큰술

Tip

매끄러운 스크램블드에그 만들기
스크램블드에그는 약한 불에서 젓가락을 이용해 휘저어가며 익히고, 기름이나 버터는 살짝만 발라준다. 기름이 많으면 기포가 생겨서 깔끔하지 않다.

1 빵 굽고 양파·치즈 다지기 잡곡식빵은 프라이팬이나 토스터에 겉이 노릇해지게 굽는다. 양파와 치즈는 굵게 다진다.

2 스크램블드에그 만들기 달걀을 푼 뒤 치즈 스크램블드에그 재료를 모두 넣고 섞는다. 팬에 버터를 녹인 뒤 스크램블드에그 재료를 쏟아 붓고 반숙 정도로 익힌다.

3 빵에 올리기 빵 한쪽 면에 마요네즈를 바르고 치즈 스크램블드에그, 오이피클, 새싹채소 순으로 올린 뒤 마요네즈 바른 식빵으로 덮어준다.

게살샐러드 잉글리시 머핀 샌드위치

게살과 아보카도가 잘 어울리는 샌드위치. 재료만 있으면 만들기 쉬운 간단 샌드위치예요.

재료(2인분)

잉글리시 머핀	4개
게맛살	4줄
아보카도	1/2개
옥수수 통조림	1/3컵

마요네즈 소스

마요네즈	4큰술
다진 양파	1/4개분
다진 오이피클	2큰술
우유	1작은술

Tip

이스트를 넣어 발효시킨 잉글리시 머핀
버터가 듬뿍 들어가 촉촉한 일반적인 머핀과 달리, 잉글리시 머핀은 이스트를 넣어 발효시킨 빵이다. 맛이 담백해서 샌드위치용으로 좋다. 팽창제가 안 들어가기 때문에 모양이 납작한 것이 특징이다. 영국인들은 잼을 발라 먹거나 홍차를 곁들여 먹는다.

1 샐러드 재료 준비하기 게맛살과 아보카도는 사방 1cm 정도 크기로 자른다. 옥수수 통조림은 체에 밭쳐 물기를 뺀다.

2 소스에 재료 섞기 마요네즈 소스 재료를 분량대로 넣고 섞은 뒤 준비한 게맛살과 아보카도, 옥수수를 넣고 고루 섞는다.

3 빵에 재료 올리기 잉글리시 머핀을 위아래로 반 자른 다음 빵 한쪽에 ②를 소복이 올리고 다른 빵으로 덮어준다.

단호박 오이샐러드 샌드위치

삶은 단호박에 프렌치 드레싱을 섞어 샌드위치를 만들었어요. 빵과도 잘 어울린답니다.

재료(2인분)

식빵	4장
버터	조금

단호박 샐러드

단호박	1/3개
오이	1개
프렌치 드레싱(시판)	2큰술
소금	조금
마요네즈	3큰술

Tip

절인 오이는 물기를 꼭 짠다
오이를 소금에 절이고 나서 냉수에 헹군 다음 물기를 잘 짜줘야 샐러드가 질척거리지 않는다. 샐러드에 오이 외에 옥수수나 방울토마토 등을 넣어도 좋다.

1 단호박 삶아 으깨기 단호박은 큼직하게 4등분해 껍질째 찜통에 찐다. 푹 익으면 뜨거울 때 으깨어 프렌치 드레싱을 고루 섞는다.

2 단호박에 오이·마요네즈 섞기 으깬 단호박에 반달 모양으로 썰어 소금에 절인 오이와 마요네즈를 넣고 섞어 단호박 오이샐러드를 만든다.

3 빵에 샐러드 넣어 접기 식빵에 버터를 바르고 ②를 올린 뒤 삼각으로 접어준다. 접은 뒤 랩에 싸두면 모양이 잘 유지된다.

베이글 양파 샌드위치

베이글에 살짝 얼린 양파와 오이피클을 듬뿍 넣어 신선하고 상큼한 샌드위치.

재료(2인분)

양파 베이글	2개
슬라이스 체더치즈	2장
슬라이스 햄	2장
채 썬 양파	2큰술
오이피클	15쪽 정도
허니 머스터드	적당량

Tip

채 썬 양파를 살짝 얼리면 신선하다
양파를 채 썰어 찬물에 담갔다가 사용하면 양파의 매운맛이 빠지고 신선함이 유지된다. 찬물에 담근 뒤 냉동실에 넣어 살짝 얼리면 아삭하면서도 신선한 맛이 더해져 샌드위치가 더욱 맛있게 된다.

1 베이글 굽기 양파 베이글 2개를 준비해 위아래로 반 가른 뒤 200℃의 오븐에 살짝 굽는다.

2 양파 채 썰어 얼리기 양파는 곱게 채 썰어 찬물에 담가 매운맛을 뺀 뒤 냉동실에 30분 정도 두어 살짝 얼린다.

3 샌드위치 만들기 베이글 한쪽에 햄과 치즈를 올리고 얼린 양파와 오이피클을 얹는다. 허니 머스터드를 뿌리고 빵을 덮는다.

치킨 데리야키 샌드위치

데리야키 소스로 구운 닭안심을 넣어 만든 샌드위치. 영양의 균형도 잘 맞고 맛도 좋아요.

재료(2인분)

식빵	4장
닭안심	4쪽
토마토	1개
양파	1/4개
양상추	2장
치커리	약간
다진 피클	1큰술
파르메산 치즈 가루	3큰술
소금 · 후춧가루	조금씩

데리야키 소스

데리야키 소스 · 물	2큰술씩
청주	1큰술

Tip

빵은 토스터에 구워서 사용한다
식빵으로 샌드위치를 만들 때 프라이팬이나 토스터에 식빵을 살짝 구워서 사용하는 게 좋다. 그래야 눅눅하지 않고 빵의 형태가 유지되어 더욱 먹음직스럽다.

1 닭안심 굽기 팬에 닭안심을 넣고 약한 불에서 고루 익힌다. 어느 정도 익으면 섞어둔 데리야키 소스를 2/3만 넣고 간이 배게 굽는다.

2 채소 손질하기 양상추와 치커리는 씻어서 물기를 털고, 토마토와 양파는 얇게 저며 썬 다음 종이 타월로 눌러주듯 물기를 닦는다.

3 샌드위치 만들기 식빵 위에 양상추, 치커리, 토마토, 양파, 닭안심을 올리고 다진 피클, 파르메산 치즈 가루를 뿌린다. 나머지 데리야키 소스를 뿌리고 식빵을 덮는다.

연어샐러드 잡곡빵 샌드위치

올리브오일 드레싱으로 맛을 낸 연어샐러드를 빵에 올린 산뜻한 샌드위치.

재료(2인분)

잡곡빵	1개
루콜라	6줄기
버터	1큰술

연어셀러드

훈제연어	8장
양파	1/2개
올리브오일	3큰술
식초	2큰술
설탕 · 파슬리 가루	1작은술씩
다진 마늘	1개분
소금 · 후춧가루	조금씩

Tip

훈제연어 맛있게 먹기

훈제연어는 특유의 향이 좋고 익힐 필요가 없어 신선한 샐러드에 많이 이용된다. 훈제연어 대신 신신한 연어회를 사용해도 좋다. 연어회를 먹기 좋은 크기로 썰어 소금, 설탕, 후춧가루, 프레시 딜, 올리브오일에 마리네이드하면 또 다른 맛을 즐길 수 있다.

1 **빵 구워 버터 바르기** 잡곡빵은 1.5cm 두께로 잘라 구운 뒤 버터를 바른다.

2 **양파 채 썰기** 양파는 가늘게 채 썬 뒤 찬물에 담가 매운맛을 빼고 건져서 물기를 빼둔다.

3 **빵에 샐러드 올리기** 양파와 다른 재료들을 버무려 연어샐러드를 만든다. 잡곡빵에 루콜라를 깔고 연어샐러드를 올린 뒤 빵을 덮는다.

Toast &
Hot sandwich

Part 4

토스트 & 핫 샌드위치

간단한 한 끼 식사나 간식으로 준비하면 좋은 토
스트와 핫 샌드위치. 따뜻하게 준비해 속이 편안
하다. 재료가 단순하고 만드는 방법이 아주 간단해
기초가 없는 사람이라도 누구나 시도할 수 있다.

크로크 무슈 샌드위치

부드럽게 흘러내린 진한 치즈의 맛이 매력인 프랑스식 샌드위치. 모차렐라 치즈와 에멘탈
치즈, 휘핑크림을 빵 위에 듬뿍 끼얹어 오븐에 구우면 완성됩니다.

재료(2인분)

식빵 ———————— 4장
슬라이스 햄 ——————— 4장

치즈 필링
다진 모차렐라 치즈 ——— 1컵
다진 에멘탈 치즈 ——— 1컵
휘핑크림 ——————— 1/2컵

1 치즈 필링 만들기 커다란 볼에 분량의 다진 모차렐라 치즈와 에멘탈 치즈를 넣은 후 휘핑크림을 넣어 고루 섞는다.

2 식빵에 햄 올리기 치즈 필링을 식빵 전체에 골고루 바른 뒤 슬라이스 햄 2장을 겹쳐 올리고 다른 식빵으로 덮는다.

3 식빵 자르기 샌드위치를 대각선으로 잘라 삼각형 모양으로 만든다. 미리 잘라야 나중에 먹기 편하다.

4 오븐에 굽기 샌드위치 위에 남은 ①의 치즈 필링을 듬뿍 올려 200℃로 예열한 오븐에 치즈가 맛있게 녹도록 굽는다.

소스 맛내기

고소하고 진한 치즈의 맛이 매력인 크로크 무슈는 휘핑크림에 모차렐라 치즈와 에멘탈 치즈를 다져서 넣어 만든다. 휘핑크림이 넉넉히 들어가 부드럽고 촉촉하다. 오븐에서 치즈가 녹으면 촉촉하면서 쫄깃한 맛이 완성된다.

Tip

오븐 대신 전제레인지나 오븐 토스터도 OK
치즈를 녹여서 만드는 샌드위치는 오븐이 없어도 전자레인지나 오븐 토스터를 이용하면 된다. 2~3분 정도만 돌리면 치즈가 녹아 흘러내릴 정도가 되는데 이때 꺼내면 충분하다. 프라이팬에 구워도 되는데, 이때는 기름을 두르지 않고 약한 불에서 서서히 익혀준다.

달걀 야채 토스트

아침 출근길, 길거리에서 자주 보게 되는 달걀 야채 토스트예요. 양배추, 당근을 넣고
달걀부침을 해서 빵 사이에 끼워 넣어 영양의 균형이 잡혀 있어요.

재료(2인분)

식빵	4장
버터	2큰술
토마토케첩 · 설탕	조금씩

달걀부침 반죽

양배추	2장
당근	1/2개
달걀	4개
소금	2/3작은술

1 식빵 굽기 식빵을 달군 팬이나 토스터에 앞뒤로 노릇하게 굽는다.

2 달걀부침 반죽 만들기 양배추와 당근을 곱게 채 썬 뒤 풀어둔 달걀물에 넣고 고루 섞는다. 소금을 조금 넣어 간을 한다.

3 반죽 부치기 달군 팬에 버터를 녹인 뒤 ②의 달걀부침 반죽을 2회 분량으로 나누어 넣어 부친다.

4 식빵에 올리고 케첩 뿌리기 달걀부침을 식빵에 올리고 토마토케첩과 설탕을 입맛대로 뿌린 뒤 다른 식빵 한 장을 덮는다.

소스 맛내기

달걀 야채 토스트는 토마토케첩의 새콤함과 설탕의 달콤함이 특징. 식빵으로 덮기 전에 케첩을 뿌린 다음 설탕을 조금 뿌린다. 부침이 따뜻해 자연스럽게 녹아내린다.

Tip

야채는 소금에 절여 아삭한 맛을 즐긴다
야채가 좀 더 아삭하게 씹히길 원한다면 채 썬 후 소금에 10분 정도 절였다가 달걀물에 섞는다. 이렇게 하면 아삭거리는 맛을 그대로 느낄 수 있다. 하지만 샌드위치를 바로 먹을 거라면 야채를 절이지 않아도 상관없다.

과일 크림치즈 와플

바삭하게 구운 와플은 맛이 과자와 비슷해서 좋아하는 사람들이 많아요. 시럽이나 소스를
뿌려도 잘 흐르지 않아 먹기도 편하고, 블랙커피나 홍차 한잔과 함께 하면 더 맛있답니다.

재료(2인분)

와플 반죽

강력분	160g
버터	80g
쇼트닝	80g
달걀	2개
설탕	160g
우유	1큰술
바닐라에센스 · 소금	조금씩
버터	조금

과일 크림치즈샐러드

바나나	1개
키위	1개
망고	1개
크림치즈	100g
과일 맛 요구르트	2~3큰술
설탕	조금

1 버터·쇼트닝 섞기 버터를 거품기로 저어 크림 상태로 만든 뒤 쇼트닝을 넣고 섞는다.

2 달걀·설탕 넣어 섞기 ①에 달걀을 넣어 고루 젓다가 설탕을 두 번에 나누어 넣어 고루 섞는다.

3 강력분 넣어 반죽하기 ②에 우유, 바닐라에센스, 소금을 섞고 강력분을 체에 내리며 넣어 섞는다.

4 와플 굽기 와플기에 버터를 바른 다음 ③의 반죽을 1~2국자 정도 넣고 바삭하게 굽는다.

소스 맛내기

와플은 달콤하고 부드러운 재료와 잘 어울린다. 과일잼이나 생크림만 올려도 좋지만 과일을 얹으면 보기도 좋고 맛도 좋다. 여러 가지 과일에 크림치즈와 과일 맛 요구르트를 함께 섞어 달콤하면서도 상큼하다.

5 과일 썰고 크림치즈 요구르트 섞기 바나나, 키위, 망고는 사방 1cm로 잘라 설탕을 뿌려두고, 크림치즈와 요구르트는 섞어둔다.

6 샐러드 만들어 와플에 올리기 크림치즈 요구르트에 과일을 넣고 샐러드를 만들어 와플에 올리고 다른 조각으로 덮는다.

고구마 포켓 샌드위치

새콤달콤하게 절인 양배추와 달콤한 고구마가 어우러져 색다른 맛을 내는 핫 샌드위치예요.
재료가 주머니 속에 쏙 담겨 있어 한입에 먹기도 아주 편하답니다.

재료(2인분)

식빵	4장
고구마(큰 것)	1개
양배추	1장
당근	1/3개
옥수수 통조림	1/3컵
건포도	2큰술
마요네즈	2큰술
휘핑크림	1/2컵

단촛물

식초	1큰술
설탕	1큰술
소금	1/3작은술

1 고구마에 휘핑크림 섞기 고구마는 찜통에 푹 삶아 뜨거울 때 껍질을 벗겨 으깬 뒤 식혀서 휘핑크림을 넣고 섞는다.

2 재료 준비하기 양배추와 당근은 잘게 잘라 단촛물에 10분 정도 절인 뒤 물기를 꼭 짠다. 옥수수 통조림은 물기를 빼놓는다.

3 재료에 마요네즈 섞기 절인 양배추와 당근, 물기 뺀 옥수수 통조림, 건포도를 한데 섞고 마요네즈를 넣어 고루 섞는다.

4 식빵에 고구마샐러드 얹기 식빵 위에 먼저 ③의 야채샐러드를 골고루 깐 다음, 그 위에 ①의 고구마 으깬 것을 얹는다.

소스 맛내기

고구마에 휘핑크림을 조금 넣으면 훨씬 부드럽고 먹기 좋은 상태가 된다. 휘핑크림 대신 버터를 넣어 섞어줘도 부드럽고 향긋하다.

5 샌드위치 굽기 ④를 포켓 샌드위치용 팬에 넣고 5분 정도 구운 뒤 삼각 모양으로 반 자른다.

바게트 오픈 샌드위치

색색의 피망과 방울토마토, 비엔나소시지를 올리고 토마토소스와 치즈를 뿌려 피자처럼
구운 바게트 오픈 샌드위치예요. 김치를 송송 썰어 넣어 매콤하면서도 깔끔해요.

재료(2인분)

바게트 ——————— 1/2개
버터 ———————— 1큰술
토마토소스 —————— 1/2컵
피자 치즈 —————— 1컵
파르메산 치즈 가루 ——— 조금

토핑

김치 ———————— 1/4포기
비엔나소시지
(또는 프랑크프루트소시지) — 2개
방울토마토 —————— 10개
양파 ———————— 1/4개
청홍피망 —————— 1/4개씩

1　토핑 재료 준비하기 김치는 꼭 짜서 1cm 폭으로 썰고 소시지는 동글게 저민다. 방울토마토는 반 자르고, 양파는 채 썰고, 피망은 1cm 정도로 썬다.

2　바게트 자르기 바게트는 세로로 반 갈라 4등분한다. 너무 작게 슬라이스하면 구워냈을 때 딱딱해진다.

3　바게트에 소스 바르기 잘라 놓은 바게트에 실온에서 녹인 버터를 얇게 바른 뒤 토마토소스를 고르게 발라준다.

4　토핑해서 굽기 ③의 바게트에 토핑 재료를 올리고 피자 치즈를 뿌린 뒤 180℃로 예열한 오븐에 15~20분간 굽는다. 다 되면 파르메산 치즈 가루를 뿌린다.

소스 맛내기

이탈리아 요리의 대표적인 소스인 토마토소스는 스파게티 소스, 또는 피자 소스라고도 한다. 양파, 셀러리 등 각종 야채에 토마토 페이스트를 넣고 조려서 만드는데, 시판 토마토소스를 사용하면 편리하다.

Tip

바게트는 큼직하게 자른다
바게트는 너무 작게 자르면 오븐에 구워낼 때 딱딱해질 수 있다. 구워내고 나서 잘라 먹더라도 큼직하게 잘라 만들 것. 바게트가 말라 있다면 스프레이로 물을 뿌려 촉촉하게 한 다음 굽도록 한다. 바게트뿐만 아니라 식빵, 모닝빵 등 다양하게 활용할 수 있다.

단호박 팬케이크 샌드위치

집에서 자주 해 먹는 팬케이크 대신 단호박을 응용해서 샌드위치를 만들어보세요.
단호박과 생크림이 만나 부드럽고 달콤한 맛이 더해졌어요.

재료(2인분)

팬케이크 반죽

핫케이크 가루	250g
달걀	1개
우유	140mL
식용유	조금

단호박 샌드

단호박	1/4개
생크림	1/2컵
건포도	3큰술
꿀	1/2큰술
소금	1/4작은술

1 핫케이크 가루에 달걀 섞기 달걀을 거품기로 곱게 푼 뒤 핫케이크 가루를 넣고 고루 섞는다.

2 우유 넣고 반죽하기 ①에 우유를 붓고 응어리가 생기지 않도록 거품기로 잘 풀어준다.

3 팬케이크 굽기 달군 팬에 식용유를 두르고 반죽을 2회에 나누어 넣어 팬케이크를 굽는다. 표면이 노릇해지고 기포가 생기면 뒤집어 굽는다.

4 단호박 샌드 만들어 완성하기 쪄낸 단호박에 생크림, 건포도, 꿀, 소금을 넣고 섞은 다음 구워놓은 팬케이크에 올리고 다른 한 장의 팬케이크로 덮는다.

소스 맛내기

으깬 단호박에 생크림을 넣으면 부드럽고 촉촉해져 팬케이크에 넣기 좋은 농도가 된다. 단호박에 생크림을 한 번에 부으면 층이 분리될 수 있다. 생크림을 조금씩 나누어 넣어야 잘 섞인다.

Tip

팬케이크 굽기
팬케이크는 팬이 깨끗해야 매끈하게 부쳐진다. 팬을 뜨겁게 달군 뒤 식용유를 둘러 고루 퍼지게 한다. 기름기를 종이타월로 닦아낸 다음 반죽을 떠 넣고 약한 불에서 은근히 익혀낸다.

미니 피자 오픈 샌드위치

얇고 바삭한 도우가 매력인 오픈 샌드위치예요. 기존 토핑 재료에 김치가 들어가 맛이
깔끔하죠. 피자 도우 만드는 게 번거롭다면 시판 만두피나 토르티야를 이용해도 됩니다.

재료(2인분)

김치 ——————— 1/4포기
비엔나소시지 ——————— 2개
피망 ——————— 1/4개
붉은 고추 ——————— 1개
방울토마토 ——————— 10개
양파 ——————— 1/4개
피자 치즈 ——————— 1컵
토마토소스 ——————— 1/2컵

피자 도우

밀가루 ——————— 1컵
물 ——————— 3~4큰술

1 토핑 재료 손질하기 김치는 꼭 짜서 1cm 폭으로 썰고, 방울토마토는 반 자르고, 양파와 피망은 1cm 정도로 썬다. 소시지와 붉은 고추는 슬라이스한다.

2 피자 도우 만들기 밀가루와 물을 분량대로 섞어 반죽한 뒤, 달걀 크기 정도로 떼어서 납작하게 밀어 피자 도우를 만든다.

3 소스 바르고 토핑하기 얇게 빚은 피자 도우 위에 토마토소스를 바른 뒤 ①의 재료들을 골고루 올리고 피자 치즈를 솔솔 뿌린다.

4 오븐에 굽기 ③을 180℃로 예열한 오븐에 15~20분간 굽는다. 접시 위에 상추를 깔고 구운 미니 피자를 올린다.

소스 맛내기

토마토소스는 시판 제품을 이용해도 되지만 집에서 직접 만들어도 맛있다. 팬에 올리브오일을 두르고 다진 마늘과 다진 양파를 볶다가 토마토 페이스트를 넣고 설탕, 소금, 후춧가루로 간을 한 다음 오레가노와 월계수잎을 넣어 졸인다. 이때 물의 양을 조절해 농도를 맞추면 완성된다.

Tip

피자 도우 만들기
피자 도우를 만드는 일이 번거롭다면 시판 만두피를 이용해도 좋다. 얇게 만들어져 있어 씬 피자의 미니 도우로 사용하기 적당하다. 밀가루 반죽은 약간 되직해야 만들기 편하다. 밀가루 1컵에 물 4큰술 정도의 비율이면 적당하다.

햄 치즈 파니니

그릴 자국이 선명한 파니니 샌드위치. 이탈리아에서는 햄과 치즈 정도만 넣어 먹는 매우 심플한 샌드위치를 말한답니다. 파니니는 그릴에서 구워 겉은 따뜻하고 치즈가 녹아내리는 맛을 느낄 수 있어요.

재료(2인분)

호밀식빵	4쪽
버터	1큰술
마요네즈	1큰술
슬라이스 햄	4쪽
에멘탈 치즈	60~100g
슬라이스 체더치즈	2장

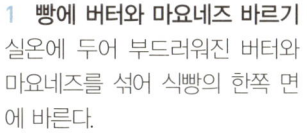

1 빵에 버터와 마요네즈 바르기
실온에 두어 부드러워진 버터와 마요네즈를 섞어 식빵의 한쪽 면에 바른다.

2 빵에 에멘탈 치즈·햄 올리기
①의 식빵 위에 슬라이스한 에멘탈 치즈 1장과 슬라이스 햄 2장을 얹는다.

3 빵에 체더치즈 올리기 슬라이스 햄 위에 체더치즈를 1장 올린 다음 다른 식빵으로 덮는다. 위에 덮는 식빵은 버터·마요네즈를 바른 면이 안쪽을 향하게 한다.

4 그릴에 구워내기 재료를 올려 식빵으로 덮은 빵을 파니니 그릴에 넣고 5~7분 정도 굽는다. 치즈가 녹고 겉면에 구운 색이 나면 꺼낸다.

소스
맛내기

파니니의 심플하고 담백한 맛을 즐기기 위해 맛이 강한 소스는 쓰지 않는다. 빵으로 수분이 흡수되는 것을 막기 위해 버터를 아주 얇게 펴 바른다. 마요네즈는 빵과 재료의 접착을 위해서 사용한다.

Tip

꾹 눌러 굽는 파니니
파니니는 이탈리아를 대표하는 빵이자 샌드위치의 이름. 파니니 그릴을 이용하면 선명한 그릴 자국이 남아 더욱 먹음직스러워 보인다. 파니니 그릴이 없다면 무거운 뚝배기 뚜껑이나 호일로 감싼 벽돌 등으로 눌러가며 익혀도 좋다. 치즈가 노릇하게 녹아 먹기 좋은 파니니가 된다.

시나몬 토스트

매콤한 시나몬 향이 매력인 토스트. 바닐라 아이스크림을 얹어 색다른 맛을 즐겨보자.

재료(2인분)

식빵 ——————————— 4장

시나몬 슈가
시나몬 가루 ————— 1/2작은술
설탕 ——————————— 2큰술

토핑
바닐라 아이스크림 —— 2스쿠프
버터 ——————————— 조금

Tip

애플 시나몬 토스트 만들기
사과를 활용해 애플 시나몬 토스트를 만들어도 맛있다. 사과를 반달 모양으로 썰어 황설탕으로 조린 뒤 시나몬 가루를 섞어 구운 식빵에 올린다. 나머지 구운 식빵 1장으로 덮으면 애플 시나몬 토스트가 완성된다.

1 식빵에 버터 바르기 식빵 양면에 버터를 듬뿍 발라 팬에 앞뒤로 노릇하게 굽는다.

2 설탕·시나몬 가루 섞기 설탕과 시나몬 가루를 섞는다.

3 시나몬 슈가 뿌리고 아이스크림 얹기 식빵을 2장씩 놓고 시나몬 슈가를 뿌린 뒤 아이스크림을 한 스쿠프씩 올린다.

프렌치토스트

식빵을 달걀물에 담갔다가 건져서 구워 부드럽고 촉촉한 기본 토스트.

재료(2인분)

식빵	4장
버터	1큰술

달걀물

달걀	2개
우유	3큰술
설탕	2큰술
다진 파슬리	1작은술

Tip

달걀물에 살짝만 담근다
식빵을 달걀물에 오래 담가두면 빵이
풀어져서 흐물거리고 맛이 없어진다.
달걀물에 살짝 담가서 고루 적신 뒤
바로 꺼내서 팬에 굽는다.

1 달걀물 만들기 달걀을 깨뜨려
곱게 푼 뒤 우유·설탕·다진 파
슬리를 섞어 달걀물을 만든다.

2 식빵 자르기 식빵은 먹기 좋게
4등분한다.

3 토스트 굽기 달군 팬에 버터를
두른 다음, 식빵을 달걀물에 담갔
다가 꺼내서 앞뒤로 살짝 굽는다.

토스트 피자

피자 치즈를 듬뿍 뿌려 오븐에 구운 샌드위치. 만들어 바로 먹으면 쫄깃한 치즈 맛이 별미.

재료(2인분)

식빵	4장
슬라이스 체더치즈	6장
방울토마토	20개
피자 치즈	1컵
토마토케첩	4큰술
버터	조금

Tip

모차렐라 치즈를 강판에 갈아 사용한다
피자 치즈가 없다면 모차렐라 치즈를
강판에 갈아 사용하면 된다. 피자 치
즈는 모차렐라 치즈를 잘게 썰어 놓
은 것으로, 개봉한 채로 며칠 두면 시
큼한 맛이 나기 쉽다. 덩어리로 된 모
차렐라 치즈를 필요할 때마다 갈아서
쓰는 것이 맛을 좋게 하는 비결이다.

1 식빵에 치즈 올리기 식빵 한
쪽 면에 버터를 얇게 바르고 슬라
이스 체더치즈를 올린다.

2 식빵에 방울토마토 올리기 방
울토마토를 동그랗게 슬라이스
해 치즈 위에 올리고, 그 위에 식
빵 한 장을 다시 올린다.

3 피자 치즈 뿌려 굽기 식빵 위
에 토마토케첩을 바른 다음 피자
치즈를 듬뿍 뿌려 200℃의 오븐
에서 10~15분 정도 굽는다.

바나나 허니브레드

버터구이 식빵 위에 바나나가 듬뿍. 달콤한 시럽과 바나나가 입 안에서 살살 녹아요.

재료(2인분)

통 식빵(10cm 높이)	———	1개
바나나	———	1개
버터	———	2큰술
메이플시럽(또는 꿀)		1~2큰술
시나몬 가루	———	조금

Tip

슬라이스 식빵으로 대신해도 된다
통 식빵이 없을 때는 식빵을 3~4장 정도 포개어 놓고 사용하면 된다. 위에 얹은 재료들이 모양을 유지할 수 있도록 오븐에 구워내 겉을 살짝 단단하게 만드는 것이 중요하다. 시럽 대신 꿀을 사용해도 좋다.

1 식빵 준비하기 통 식빵은 가운데 깊숙이 X자로 칼집을 넣고 위에 버터를 넉넉히 바른 뒤 180℃의 오븐에 12~15분 정도 굽는다.

2 바나나 굽기 바나나는 0.5mm 두께로 둥글게 자른 뒤 팬에 버터를 두르고 살짝 굽는다.

3 빵에 재료 올리기 빵이 뜨거울 때 구운 바나나를 올리고 메이플시럽을 뿌린 뒤 시나몬 가루를 뿌려준다.

Burger &
Rap sandwich

Part 5

버거 & 랩 샌드위치

납작한 식빵 대신 동그랗고 도톰한 햄버거 빵을 이용한 레시피를 모았다. 크레이프나 라이스페이퍼 위에 재료를 올려 돌돌 만 랩 샌드위치도 예쁘고 먹기 편해서 많은 사람들에게 사랑받는다.

불고기 버거

우리 입맛에 익숙한 한국식 샌드위치예요. 샌드위치와 불고기가 잘 어우러지게 하려면
양념이 중요한데, 즉석에서 양념을 하면서 고기를 볶는 것이 포인트랍니다.

재료(2인분)

핫도그 빵	2개
쇠고기(불고기용)	200g
양파	1/2개
붉은 고추	1/2개
치커리	4장
겨자잎	2장
고추피클	4개
버터	1/2큰술
마요네즈	2큰술
소금·식용유	조금씩

불고기 양념

간장	2큰술
설탕	1큰술
다진 마늘	1/2큰술
깨소금·참기름	1/2큰술씩
후춧가루	조금

1 쇠고기·야채 손질하기 쇠고기는 한 입 크기로 썰고, 양파는 채 썬다. 고추는 반 갈라 씨를 털어 낸 뒤 송송 썬다.

2 야채·쇠고기 볶기 팬에 식용유 1큰술을 두르고 양파를 먼저 볶다가 쇠고기와 붉은 고추를 넣고 볶는다.

3 불고기 양념 넣기 불고기 양념을 만들어두었다가 ②의 고기가 어느 정도 익으면 불고기 양념을 넣고 볶는다.

4 빵에 재료 올리기 핫도그 빵을 반 갈라 버터를 바르고 치커리, 겨자잎, 고추피클, 불고기를 채워 넣은 다음 마요네즈를 뿌리고 빵을 오므린다.

소스 맛내기

불고기 양념은 간장 : 설탕의 비율이 2 : 1 정도가 적당하다. 샌드위치에 넣을 불고기 양념은 밥반찬과는 달리 간장과 설탕 외에 깨소금, 참기름, 후춧가루 정도로만 간을 해서 속재료의 전체적인 조화를 고려한다.

Tip

불고기는 단시간에 볶는다
불고기는 오랜 시간 익히면 고기가 단단해져 샌드위치용으로 적당하지 못하다. 양파와 고추를 볶아 먼저 향을 내기 시작한 뒤 고기를 넣고 단시간에 볶아 고기가 질겨지지 않게 한다. 야채와 함께 볶으면 잡냄새를 없애는 효과가 있다.

핫도그 샌드위치

뉴욕 스타일의 핫도그 샌드위치. 긴 핫도그 빵에 구운 프랑크푸르트소시지를 넣어 보기만 해도 군침이 돌아요. 머스터드소스로 새콤, 매콤한 맛을 더해 입맛을 돋운답니다.

재료(2인분)

핫도그 빵 ——————— 2개
프랑크푸르트소시지 ——— 2개
양파 ————————— 1/2개
오이피클 ——————— 6개
상추 ————————— 4장

머스터드소스

머스터드 —————— 2큰술
고춧가루 ————— 1/2작은술
올리브오일 ————— 1큰술
후춧가루 · 버터 ——— 조금씩

1 핫도그 빵에 버터 바르기 핫도그 빵은 옆으로 갈라 버터를 바른다. 분량의 재료를 섞어 머스터드소스를 만들어둔다

2 소시지 굽기 소시지에 어슷하게 칼집을 넣고 굽는다. 소시지가 어느 정도 익으면 머스터드소스를 발라가며 굽는다.

3 야채 준비하기 양파는 가늘게 채 썰어 찬물에 담갔다가 물기를 빼고, 상추는 씻어 물기를 빼둔다. 오이피클도 물기를 꼭 짠다.

4 빵에 재료 넣기 버터 바른 빵에 상추, 오이피클, 양파, 소시지 순으로 올리고 머스터드소스를 뿌린다.

소스
맛내기

핫도그와 머스터드소스는 찰떡궁합. 머스터드소스가 소시지의 잡내를 없애주고 느끼함을 덜어주기 때문이다. 고춧가루를 넣어 매콤한 맛을 가미해도 좋다.

Tip

프랑크푸르트소시지는 약한 불에서 소스를 발라가며 굽는다
소시지에 소스를 발라 구울 때 불이 세면 타기 쉽다. 처음부터 소스를 바르지 말고 소시지를 어느 정도 구운 뒤 약한 불에서 소스를 발라가며 굴리듯이 구워야 노릇하게 익으면서 소스가 잘 스며든다. 너무 익으면 질기고 단단해져서 먹기 나쁘다.

구운 야채와 스테이크 버거

등심 스테이크로 만든 럭셔리 샌드위치예요. 볶은 양파와 파프리카, 토마토가 잘 어우러져
고급스런 맛을 낸답니다. 특별한 날, 특별 메뉴로 준비해보세요.

재료(2인분)

호밀빵	2개
쇠고기 등심(130g씩)	2장
양파(큰 것)	1개
방울토마토	6개
파프리카 (노랑 · 빨강 · 주황)	1/4개씩
치커리	6장
시판 스테이크 소스	1~2큰술
버터	적당량
소금 · 후춧가루	소금씩
올리브오일	조금

1 쇠고기 손질하기 쇠고기는 등심으로 준비해 힘줄 부분을 칼끝으로 콕콕 찍은 다음 소금과 후춧가루를 뿌려 밑간한다.

2 야채 준비하기 양파는 잘게 다지고, 파프리카는 굵직하게 채 썬다. 방울토마토는 슬라이스하고, 치커리는 물에 씻어 건진다.

3 양파 볶기 팬에 버터 2큰술을 두르고 다진 양파를 갈색이 나도록 볶은 뒤 따로 담아놓는다.

4 쇠고기 굽기 팬에 올리브오일을 두르고 밑간해둔 등심을 핏기가 없을 정도로 굽는다.

소스 맛내기

스테이크 소스는 집에서 만들기 복잡하고 재료도 많이 필요하므로 시판되는 제품을 이용하면 간편하다. 좀 더 맛을 내고 싶다면 시판 스테이크 소스에 레드와인이나 통후추를 가미한다.

5 파프리카 · 토마토 굽기 오븐 팬에 파프리카와 방울토마토를 담고 올리브오일 2큰술을 뿌려 180℃의 오븐에 10~15분간 굽는다.

6 빵에 재료 올리기 호밀빵을 반 갈라 버터를 바르고 치커리, 파프리카, 방울토마토, 스테이크, 양파볶음 순으로 올린 뒤 스테이크 소스를 뿌리고 빵을 덮는다.

감자샐러드 모닝버거

으깬 감자에 옥수수와 방울토마토를 넣어 감자샐러드를 만들어보세요. 작은 모닝롤에
감자샐러드를 넣으면 먹기 좋은 사이즈가 됩니다. 머스터드소스가 감칠맛을 더해요.

재료(2인분)

모닝롤 ──────── 6개
상추 ──────── 3~5장
버터 ──────── 조금

감자샐러드

감자 ──────── 2개
옥수수 통조림 ──── 1/2컵
방울토마토 ──────── 8개
소금 ──────── 1/2작은술
마요네즈 ──────── 3~4큰술
머스터드 ──────── 2작은술
후춧가루 ──────── 조금

1 감자 삶아 으깨기 감자는 껍질을 벗긴 뒤 냄비에 물을 넉넉히 붓고 소금을 조금 넣어 삶는다. 푹 익으면 건져서 곱게 으깬다.

2 옥수수·방울토마토 준비하기 옥수수는 체에 밭쳐 물기를 빼고 방울토마토는 씻어서 4쪽으로 자른다. 상추는 씻어둔다.

3 감자에 마요네즈 섞기 곱게 으깬 감자가 식으면 마요네즈와 머스터드를 넣고 옥수수와 방울토마토, 후춧가루를 넣어 섞는다.

4 버터 바르고 감자샐러드 얹기 모닝롤에 버터를 얇게 펴 바르고 상추를 밑에 깐 다음, ③의 감자샐러드를 얹고 빵을 포갠다.

소스
맛내기

마요네즈만 사용하기보다는 머스터드를 넣어 특유의 알싸한 맛을 더한다. 단, 너무 많이 넣으면 텁텁한 맛이 날 수 있으므로 살짝만 넣는다.

Tip

재료의 물기를 충분히 제거한다
감자샐러드에 물기가 있으면 질척해지고 겉돌기 쉽다. 감자는 포슬포슬한 상태가 되도록 물기를 제거해 으깨고, 옥수수 통조림은 체에 밭쳐 물기를 쪽 뺀다. 방울토마토도 종이타월로 눌러 물기를 없앤 뒤 마요네즈에 버무린다.

김치 양배추 오코노미야키 버거

가쓰오부시의 달착지근한 맛을 좋아한다면 샌드위치에 오코노미야키를 넣어보세요.
김치와 각종 야채, 돈가스 소스와 마요네즈의 고소한 맛이 빵과 잘 어울린답니다.

재료(2인분)

햄버거 빵	2개
김치	1/4포기
양배추	250g
양파	1/2개
오징어	1/2마리
베이컨(또는 삼겹살)	4장
돈가스 소스	2큰술
마요네즈	1/2큰술
가쓰오부시	1컵
식용유	조금
상추	4장

반죽

밀가루	1컵
달걀	2개
물	1컵
소금	1/2작은술

소스 맛내기

오코노미야키는 우리나라의 부침처럼 다양한 재료를 이용해서 만들 수 있다. 부침과 다른 점은 돈가스 소스와 마요네즈가 주로 사용된다는 것. 토마토케첩을 넣기도 하지만 돈가스 소스와 마요네즈가 가장 보편적으로 쓰인다. 약간 짭짤한 맛이 햄버거 빵과 잘 어울린다.

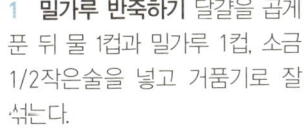

1 밀가루 반죽하기 달걀을 곱게 푼 뒤 물 1컵과 밀가루 1컵, 소금 1/2작은술을 넣고 거품기로 잘 섞는다.

2 재료 준비하기 김치는 1cm 폭으로 썰고, 양배추와 양파는 채 썬다. 오징어는 껍질을 벗긴 뒤 양배추와 같은 길이로 채 썬다.

3 오코노미야키 반죽 만들기 ①의 밀가루 반죽에 채 썬 양배추와 양파, 오징어를 넣고 고루 섞는다.

4 오코노미야키 굽기 팬에 베이컨 2장을 먼저 구워낸다. 다시 팬에 식용유를 두르고 ③의 반죽을 한 국자 떠 넣은 뒤 김치를 올리고 약한 불에서 익힌다.

5 소스 뿌리기 속까지 익으면 베이컨 2장을 나란히 올리고 5~10분간 익힌 다음 돈가스 소스와 마요네즈, 가쓰오부시를 뿌린다.

6 빵에 재료 올리기 햄버거 빵을 반으로 잘라 상추를 깔고 ⑤의 오코노미야키를 올린 다음 빵을 덮는다.

치킨샐러드 크레이프

두툼한 빵과 고칼로리의 소스가 부담스럽다면 닭가슴살 크레이프 샌드위치를 추천합니다.
닭가슴살과 요구르트 소스, 얇고 부드러운 크레이프라면 금상첨화예요.

재료(2인분)

닭가슴살	2쪽
오이	1개
당근	1/2개
양상추	1/2통
양파채	1/2개분
버터	조금

크레이프

밀가루	2/3컵
설탕	3큰술
달걀	2개
우유	1/2깁
버터	조금

요구르트 소스

마요네즈	5큰술
플레인 요구르트	100g

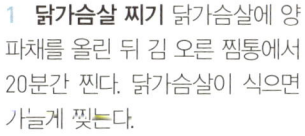

1 닭가슴살 찌기 닭가슴살에 양파채를 올린 뒤 김 오른 찜통에서 20분간 찐다. 닭가슴살이 식으면 가늘게 찢는다.

2 아채 준비하기 오이와 당근은 가늘게 채 썰고, 양상추는 한 장씩 뜯어 깨끗이 씻은 뒤 손으로 작게 찢는다.

3 크레이프 반죽하기 달걀을 풀어 밀가루, 설탕을 잘 섞는다. 여기에 우유를 부어가며 고루 섞어 크레이프 반죽을 만든다.

4 크레이프 부치기 팬에 버터를 조금 넣고 녹인 뒤 크레이프 반죽을 한 국자씩 떠 넣어 얇게 부친다.

소스 맛내기

달걀과 우유로 반죽한 크레이프는 상큼한 소스와 잘 어울린다. 플레인 요구르트는 새콤하고 부드러워 크레이프 소스로 안성맞춤이다. 크레이프를 겹겹이 쌓아 생크림이나 플레인 요구르트를 얹으면 훌륭한 케이크가 된다.

5 소스 만들기 마요네즈와 플레인 요구르트를 분량대로 섞어 요구르트 소스를 만든다.

6 크레이프에 재료 넣기 요구르트 소스를 크레이프에 살짝 바른 다음 닭가슴살, 오이채, 당근채, 양상추채를 가지런히 올리고 부채꼴 모양으로 오므린다.

두부 버거

웰빙 식품으로 각광받는 두부는 육류의 단백질을 대체하는 식품으로 인기가 높아요.
두부와 닭가슴살을 반죽해 구우면 그 어떤 고기 반죽보다 감칠맛이 있답니다.

재료(2인분)

하드롤	4개
두부	1모
다진 닭가슴살	1쪽(200g)
양상추	1/4개
토마토	1개
오이피클	8쪽
식용유	조금

패티 양념

소금	1자은술
토마토케첩	2작은술
달걀	1/2개
빵가루	5큰술

머스터드 마요네즈 소스

머스터드	2큰술
마요네즈	4큰술
꿀	2큰술

1 두부 물기 짜기 두부는 물에 헹군 뒤 면포에 싸서 비틀어 으깨어가며 물기를 짠다.

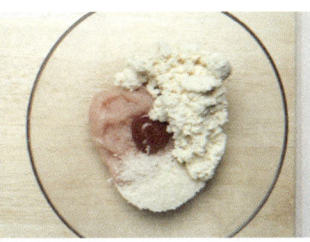

2 두부 패티 준비하기 으깬 두부와 다진 닭가슴살을 섞고 패티 양념을 분량대로 넣어 여러 번 주무른다.

3 야채 준비하기 양상추는 한 장씩 떼어서 물에 씻어 물기를 털고, 토마토는 도톰하게 슬라이스한다. 오이피클은 얇게 썬다.

4 두부 패티 굽기 ②의 반죽을 4등분으로 나누어 둥글납작한 모양으로 만든 뒤 달군 팬에 기름을 두르고 노릇하게 굽는다.

소스 맛내기

닭고기와 머스터드는 궁합이 잘 맞는 재료다. 특히 머스터드의 톡 쏘는 맛이 퍽퍽하기 쉬운 닭가슴살에 맛을 더한다. 머스터드에 꿀과 마요네즈를 섞어 허니 머스터드소스를 만들면 감칠맛이 더해진다.

5 머스터드 마요네즈 소스 만들기 분량의 재료를 섞어 머스터드 마요네즈 소스를 만든다.

6 빵에 재료 올리기 하드롤을 반 갈라 머스터드 마요네즈 소스를 바르고 양상추, 오이피클, 두부 패티, 토마토 순으로 올린 다음 빵을 덮는다.

타코

토르티야에 고기, 양파, 양상추 등의 채소를 얹고 살사 소스를 뿌려 먹는 멕시칸 스타일
샌드위치. 입맛에 따라 속재료에 변화를 주면 다양한 맛을 즐길 수 있다.

재료(2인분)

토르티야 ——————— 1장

쇠고기 볶음

다진 쇠고기 ——————— 50g
다진 양파 ——————— 조금
다진 고수 잎 ——————— 조금
소금 · 후춧가루 ——————— 조금씩
식용유 ——————— 적당량

기타 속재료

양파 ——————— 1/2개
할라피뇨 ——————— 5개
올리브 ——————— 5개
고수 잎 ——————— 5줄기
양상추 ——————— 2장
살사 소스 ——————— 2큰술
사워크림 ——————— 5큰술

1 **쇠고기 볶기** 팬에 기름을 두르고 다진 쇠고기, 다진 양파, 다진 고수 잎을 넣어 함께 볶다가 소금, 후춧가루로 간한다.

2 **토르티야에 고기 얹기** 토르티야를 기름 두르지 않은 팬 위에 올려 노릇하게 구운 다음 ①의 볶은 쇠고기를 올린다.

3 **양파·할라피뇨 올리기** 양파와 할라피뇨를 굵게 다져서 쇠고기 위에 얹고 살사 소스를 뿌린다.

4 **고수·올리브 올리기** 올리브를 슬라이스해 ③ 위에 올리고 사워크림을 뿌린 다음 고수 잎을 적당히 뜯어서 올린다.

소스
맛내기

멕시코 요리는 매콤한 맛이 특징인데, 여러 가지 고추와 토마토, 양파, 향신료를 섞어 만든 살사 소스가 흔히 쓰인다. 살사는 스페인어로 '소스'라는 뜻. 매콤한 살사 소스와 생크림을 발효시켜 새콤한 맛이 나는 사워크림, 고수의 향이 어우러져 멕시코 요리의 제맛을 느낄 수 있다.

5 **양상추 올려서 말기** 마지막에 양상추를 굵게 채 썰어 올린 다음 토르티야를 둥글게 만다.

닭가슴살 토르티야 롤

닭가슴살을 넣고 허니 머스터드소스로 맛을 내 돌돌 만 토르티야 롤. 상큼한 토마토와
양파, 오이피클이 어우러져 담백하면서도 신선한 맛이 일품이에요.

재료(1인분)

토르티야	1장
닭가슴살	1쪽
토마토	1/2개
양파	1/4개
오이피클	3개
피자 치즈	2큰술
상추	2장
치커리	조금
스위트 칠리소스	1작은술
허니 머스터드소스	1작은술
레몬즙	조금
소금 · 후춧가루	조금씩

닭가슴살 밑간

화이트와인	1큰술
다진 마늘	1/2작은술
소금 · 후춧가루	조금씩

1 닭가슴살 굽기 닭가슴살을 밑간해 10분 정도 재두었다가 팬에 노릇하게 구워 먹기 좋게 저며 썬다.

2 채소·피클 준비하기 토마토와 양파는 1cm 크기로 네모지게 썰고 오이피클은 다진 뒤 모두 섞어 소금과 후춧가루, 레몬즙으로 간한다.

3 토르티야 데워 속재료 넣기 토르티야를 마른 팬에 올려 따뜻하게 데운 뒤 스위트 칠리소스를 바르고 피자 치즈와 구운 닭가슴살을 얹는다.

4 토르티야 말기 치즈가 녹아내리면 도마 위로 옮긴 뒤 ②의 속재료와 상추, 치커리를 올리고 허니 머스터드소스를 끼얹어 돌돌 말아 먹기 좋게 썬다.

소스 맛내기

매콤한 맛의 칠리소스와 새콤달콤한 허니 머스터드소스로 깔끔한 맛을 냈다. 칠리소스는 멕시코 칠리고추와 토마토케첩, 핫 소스 등을 섞어 만든 소스로 멕시코 요리에 두루 쓰인다. 직접 만들기보다는 시중에서 구입하는 게 편하다.

Tip

토르티야는 기름 없이 굽는다
토르티야는 기름 없이 구워서 담백하고 칼로리도 적다. 칼로리가 적고 만들기 쉬워 씬 피자 도우로 활용해도 좋다. 토르티야를 너무 오래 데우면 말라서 갈라질 수 있으니 주의한다.

치킨 모닝롤 샌드위치

매콤하게 양념한 닭가슴살과 신선한 야채가 듬뿍 들어간 부드러운 모닝롤. 씨겨자를 섞은
머스터드소스와 맛이 잘 어울려요.

재료(2인분)

모닝롤 ——————— 2개
버터 ——————— 1½큰술
닭가슴살 ——————— 2쪽
상추 ——————— 2장
양파 ——————— 1/8개
방울토마토 ——————— 4개
버터 ——————— 3큰술
식용유 ——————— 1/2큰술

고기 양념

양파즙 ——————— 1큰술
소금 · 후춧가루 ——————— 조금씩
다진 파슬리 ——————— 조금

씨겨자 머스터드 소스

씨겨자 ——————— 1/2큰술
머스터드소스 ——————— 1큰술

1 빵에 버터 바르기 모닝롤은 반으로 가른 후 실온에서 녹인 버터를 바른다.

2 닭고기 양념해 볶기 닭가슴살은 손가락 굵기의 스틱 모양으로 썬 뒤 준비한 고기 양념으로 간을 해 기름 두른 팬에 볶는다.

3 야채 준비하기 양파는 둥글게 저며 찬물에 담갔다 건지고, 방울토마토도 링으로 썬다. 상추는 씻어 물기를 턴다.

4 샌드위치 만들어 소스 뿌리기 모닝롤에 상추를 깔고 양파, 닭가슴살, 방울토마토를 올린다. 씨겨자 머스터드소스를 만들어 위에 뿌리고 잘라둔 모닝롤로 덮는다.

소스 맛내기

겨자의 씨를 그대로 소스로 만든 씨겨자는 씹는 맛이 좋을 뿐 아니라 머스터드소스보다 훨씬 깊고 고급스러운 맛이 난다. 씨겨자만으로는 조금 쓴맛이 도는데, 머스터드소스와 섞으면 맛이 한결 좋아진다.

Tip

양파는 찬물에 담가 매운맛을 뺀다
양파는 매운맛이 강해서 샌드위치에 넣을 때는 매운맛을 빼는 것이 중요하다. 양파를 링 썰기 한 뒤 찬물에 10분 정도 담가두면 매운맛이 사라지고 한결 아삭해진다. 매운맛이 빠지면 건져서 물기를 닦는다.

피시 버거

햄버거 빵에 바삭하게 구운 생선 커틀릿을 올리고 타르타르소스로 맛을 낸 버거예요.

재료(2인분)

햄버거 빵	2개
흰 살 생선	2토막
슬라이스 체더치즈	2장
상추	4장
양파	1/4개
타르타르소스	2~3큰술
소금 · 후춧가루 · 버터	조금씩
식용유	적당량

튀김옷

밀가루	1/3컵
달걀	1개
빵가루	2/3컵

Tip

생선은 밑간한 뒤 물기를 닦는다
흰 살 생선의 살은 부서지기 쉬우므로 소금으로 밑간을 한다. 밑간을 하면 살이 단단해져서 맛도 좋아지고 조리하기도 편하다. 밑간한 생선은 물기를 닦고 튀김옷을 입힌다.

1 생선 커틀릿 만들기 흰 살 생선은 소금·후춧가루로 밑간한 뒤 밀가루, 달걀, 빵가루 순으로 튀김옷을 입혀 끓는 기름에 튀겨낸다.

2 야채 준비하기 상추는 씻어 건지고, 양파는 가늘게 채 썰어 찬물에 담가두었다가 물기를 닦는다.

3 빵에 커틀릿 올리기 햄버거 빵을 반 잘라 버터를 바르고 상추, 생선커틀릿, 치즈 양파 순으로 올린 다음 타르타르소스를 끼얹고 빵을 덮는다.

피타 브레드 포크 케밥

피타 브레드에 칠리소스로 양념해 구운 돼지고기와 토마토 등을 넣고 만든 샌드위치.

재료(2인분)

피타 브레드	2개
돼지고기 안심(120g)	2쪽
양상추	2~3장
토마토	1/2개
오이	1/2개
올리브오일	적당량
칠리소스	4큰술
갈릭 마요네즈	적당량
곁들이 채소	조금

Tip

돼지고기에 간이 잘 배게 하려면
돼지고기는 살코기로 준비해서 얇게 저민 다음 칼집을 낸다. 이렇게 해서 양념을 하면 간이 속까지 잘 배서 한결 맛있다.

1 돼지고기 양념해 굽기 돼지고기는 저며서 칼집을 내고 칠리소스를 조금 덜어 잠시 잰다. 양념이 배면 기름 두른 팬에 굽는다.

2 피타 브레드 구워 반 가르기 피타 브레드는 파니니 그릴로 눌러 살짝 구운 뒤 반 갈라 속을 벌린다.

3 속 채우기 빵 속에 구운 돼지고기와 양상추, 슬라이스한 토마토와 오이를 넣고 칠리소스와 갈릭 마요네즈를 뿌린다.

Popularity
Menu

Part 6

전문점 인기 메뉴

입소문 난 샌드위치 전문점의 인기 메뉴를 엄선했다. 샌드위치 전문점에서만 맛볼 수 있는 특별한 맛의 비법이 친절히 소개되어 있어 집에서도 깊고 풍부한 맛의 샌드위치를 즐길 수 있다.

장봉 페스토

바질 향의 페스토 소스와 프랑스 빵 뺑오누아의 조화가 일품. 허브 향이 입 안에 감돌아요.

재료(2인분)

뺑오누아	4쪽
등심 슬라이스 햄	6장
토마토	1/2개
양상추	2장
통후추	조금
바질 페스토(시판용)	2큰술
마요네즈	2큰술

1 **빵 굽기** 빵 4쪽을 모두 토스터에 굽는다.

2 **야채 손질하기** 토마토는 7mm 두께로 둥글게 자르고, 양상추는 빵 크기에 맞게 잘라서 씻은 뒤 물기를 털어둔다.

3 **마요네즈 바르기** 빵 한쪽에 바질 페스토 1큰술과 마요네즈 1큰술을 바른다.

4 **빵에 재료 올리기** 아무것도 바르지 않은 빵 위에 양상추, 등심 슬라이스 햄을 올리고 통후추를 갈아 넣는다. 그 위에 토마토를 올리고 마요네즈를 바른 빵으로 덮는다.

Tip

허브 향이 느껴지는 바질 페스토
파스타에 많이 사용하는 바질 페스토는 신선한 바질의 향이 일품이다. 서양요리에서는 허브를 어떻게 쓰느냐에 따라 맛이 달라지는데, 바질 페스토가 대표적이다. 일단은 시판 바질 페스토를 구입해서 그 맛을 한번 느껴보고 홈메이드에 도전해보는 것이 좋다.

스테이크 머시룸 샌드위치

바비큐 향 가득한 스테이크와 발사믹 소스로 맛을 낸 구운 야채가 풍미를 내는 샌드위치.

재료(2인분)

시리얼 브레드	2개
로스트비프(햄)	150g
양파	1/4개
새송이버섯	2개
파프리카 (초록, 빨강, 노랑)	1/2개씩
올리브오일	조금
슬라이스 고다 치즈	2장
바비큐 소스	2~3큰술

발사믹 마요네즈 소스

마요네즈	3큰술
발사믹 식초	1/2큰술

1 **빵 준비하기** 시리얼 브레드는 위아래로 반 가른다.

2 **로스트비프 굽기** 로스트비프는 올리브오일을 두른 팬에 넣고 바비큐 소스로 간을 해서 굽는다.

3 **야채 손질하기** 새송이버섯은 모양을 살려 길게 저미고, 양파와 파프리카는 둥근 링 모양이 되도록 도톰하게 썬다.

4 **야채 굽기** 오일을 두른 팬에 새송이버섯을 굽다가 파프리카를 굽는다.

5 **발사믹 마요네즈 소스 만들기** 재료를 분량대로 넣어 소스를 만든다.

6 **재료 올리기** 빵에 발사믹 마요네즈 소스를 바른 다음 고다 치즈, 새송이버섯, 로스트비프, 양파, 파프리카 순으로 올리고 빵을 덮어 오븐에서 4~5분 정도 굽는다.

Tip

로스트비프는 바비큐 소스로 굽는다
로스트비프는 데워서 그냥 사용해도 되지만 바비큐 소스를 넣고 구워 감칠맛을 더했다. 바비큐 소스는 토마토 케첩과 우스터소스를 기본으로 양파와 마늘, 와인, 허브, 각종 양념을 넣어 만든 매콤, 달콤한 맛의 소스다. 칠리소스나 핫 소스를 넣어 매콤한 맛을 더 살려도 좋다.

호밀빵 클럽 샌드위치

기름기 없이 구운 닭가슴살과 쫄깃한 햄, 신선한 야채가 조화로운 맛을 선사해요.

재료(2인분)

호밀식빵	6장
베이컨	6장
닭가슴살(200g)	2쪽
슬라이스 체더치즈	2장
슬라이스 햄	4장
양상추	3장
토마토	1개
소금 · 후춧가루	조금씩

마요네즈 소스

마요네즈	5큰술
레몬즙	2큰술

1   **빵 굽기** 호밀식빵은 토스터에 넣어 겉이 바삭하게 되도록 굽는다.

2   **베이컨·닭가슴살 굽기** 베이컨은 기름 없이 구워 종이타월로 기름을 닦고, 닭가슴살은 소금, 후춧가루를 뿌려서 구워 얇게 저며 놓는다.

3   **야채 준비하기** 양상추는 빵 크기로 자르고 토마토는 7mm로 저민다.

4   **마요네즈 소스 만들기** 마요네즈와 레몬즙을 섞어 새콤하고 약간 묽은 상태의 마요네즈 소스를 만든다.

5   **빵에 재료 올리기** 구운 빵에 마요네즈를 바르고 양상추, 닭가슴살, 체더치즈, 토마토, 식빵, 마요네즈, 양상추, 슬라이스 햄, 베이컨, 식빵 순으로 쌓는다. 완성된 샌드위치는 사선으로 삼각형이 되도록 자른다.

Tip

짭짤한 햄, 담백한 소스
클럽 샌드위치에 들어가는 햄은 보통 짭짤하게 간이 밴 것으로 한다. 클럽 샌드위치는 특별한 소스 없이 심플하게 만들기 때문에 허브 등의 향신료로 맛을 낸 햄을 사용하고, 마요네즈에는 레몬즙을 약간 넣어 풍미를 높인다.

제스티 그릴드 샌드위치

호주산 검은 소의 등심으로 만든 샌드위치. 매콤한 제스티 그릴 소스가 매력.

재료(2인분)

로즈메리 빵(13cm 길이)	2개
등심	150g
양송이버섯	6개
슬라이스 모차렐라 치즈	2장
슬라이스 체더치즈	2장
양파	1/4개
소금 · 후춧가루	조금씩
허브 가루	조금

허니 버번 머스터드 드레싱

꿀	1큰술
버번위스키	1작은술
머스터드	1큰술
마요네즈	3큰술

제스티 그릴 소스

마요네즈	4큰술
토마토케첩	1큰술
레몬주스	2작은술
홀스래디시(시판용)	1/2작은술
설탕	1/2작은술
카옌 후추	1/4작은술

1 **빵 준비하기** 로즈마리 빵은 반으로 잘라 버터를 바른다.

2 **소스 만들기** 허니 버번 머스터드 드레싱과 제스티 그릴 소스를 만든다.

3 **등심 굽기** 등심에 소금, 후춧가루를 뿌려 팬에 굽는다. 고기가 익으면 제스티 그릴 소스를 뿌린 뒤 불에서 내리고 빵에 올리기 좋게 저민다.

4 **야채 볶기** 양송이버섯은 모양대로 얇게 저며 썰고 양파는 가늘게 채 썬 뒤 ③의 팬에 넣고 살짝 볶는다.

5 **빵에 재료 올리기** 아래쪽 빵에 제스티 그릴 소스, 위쪽 빵에 허니 버번 머스터드 드레싱을 바른 뒤 양송이버섯, 등심, 체더치즈, 모차렐라 치즈, 양파 순으로 올린다. 위에 허브 가루를 살짝 뿌린 다음 빵을 덮어 200℃ 오븐에서 1분간 구워낸다.

Tip

홀스래디시 & 카옌 후추

홀스래디시는 톡 쏘는 매운맛이 고추냉이와 비슷하다. 하얀 뿌리로 된 홀스래디시를 강판에 갈아서 먹는데 연어, 로스트비프 등의 요리에 많이 쓰인다. 카옌 후추는 생 칠리를 말려 가루로 만든 것으로, 고기요리에 매운맛을 더하고 싶을 때 쓴다. 아주 소량을 치즈 소스나 마요네즈에 머스터드 대용으로 넣어서 색을 낼 수도 있다.

브리 & 그릴드 에그플랜트 샌드위치

입 안에서 씹는 맛이 일품인 브리 치즈와 가지가 주재료로 이용되는 심플한 샌드위치.

재료(2인분)

포카치아	2개
가지	1개
반건조 토마토	6쪽
브리 치즈	100g
슬라이스 체더치즈	2장

가지 마리네이드 양념

소금	1/2작은술
후춧가루	조금
올리브오일	2큰술
바질 가루	조금

바질 갈릭 스프레드

바질 페스토	2큰술
다진 마늘	1/2큰술

1 **빵 굽기** 포카치아는 반으로 잘라 오븐에 살짝 굽는다.

2 **가지 마리네이드하기** 가지는 길게 어슷 썰어 마리네이드 양념에 재두 었다가 그릴에 굽는다. 소금, 후춧가루로 간하고 바질 가루를 뿌린다.

3 **바질 갈릭 스프레드 만들기** 바질 페스토와 다진 마늘을 섞어 바질 갈 릭 스프레드를 만든다.

4 **브리 치즈 슬라이스하기** 브리 치즈는 6쪽으로 자른다.

5 **재료 올리기** 빵에 바질 갈릭 스프레드를 바른 뒤 가지, 반건조 토마토, 브리 치즈, 체더치즈를 순서대로 올린다. 다른 빵으로 덮어 200℃ 오븐 에서 4~5분 정도 굽는다.

Tip

가지 마리네이드하기

가지는 본래 가진 특별한 맛이 거의 없는 야채로, 서양에서는 그릴에 굽거 나 치즈를 올려 즐겨 먹는 음식 중의 하나다. 한식에 밑간을 하듯 가지도 소금과 후춧가루, 올리브오일에 재두 었다가 그릴이나 파니니 기계에 구우 면 담백한 웰빙 요리가 된다.

칠리 치즈 버거

매콤한 칠리소스는 치즈와 고기 패티의 느끼함을 줄여줘 우리 입맛에 잘 맞아요.

재료(2인분)

포카치아	2개
로메인	2장
오이피클	6개
토마토	1/2개
양파(단면으로 자른 것)	1/4개
바질 페스토	1큰술
슬라이스 체더치즈	2장
마요네즈 · 식용유	조금씩

패티 반죽

돼지고기	50g
쇠고기	150g
빵가루	4큰술
소금	1작은술
후춧가루	조금
달걀물	1/3개분

칠리소스

토마토케첩	3큰술
머스터드	1큰술
다진 토마토	1/4개분
다진 청양고추	1개분
다진 양파	1/4개분

1 **빵 굽기** 포카치아는 반으로 잘라 토스터에 굽는다.

2 **패티 반죽하기** 분량의 재료로 패티 반죽을 만든 뒤 여러 번 주무른다. 반죽에 끈기가 생기면 2등분으로 나누어 둥글납작하게 빚는다.

3 **패티 굽기** 기름 두른 팬에 고기 패티를 올려 약한 불에서 굽는다.

4 **야채 준비하기** 오이피클과 토마토, 양파는 둥글게 슬라이스한다.

5 **칠리소스 만들기** 분량의 재료를 섞어 칠리소스를 만든다.

6 **재료 올리기** 포카치아에 마요네즈를 바른 뒤 로메인, 고기 패티, 치즈, 바질 페스토 1/2큰술, 토마토, 양파링를 순서대로 올린다. 그 위에 칠리소스 뿌린 뒤 마요네즈를 바른 다른 포카치아로 덮는다.

Tip

시판용 칠리소스로 맛 더하기
칠리소스를 만들어 사용할 수도 있는데 고급 레스토랑과 같은 맛을 내기는 힘들다. 시판용 칠리소스를 구입해 다진 양파, 다진 마늘, 다진 청양고추, 다진 토마토를 넣고 조리면 레스토랑에서 만든 것 같은 감칠맛 나는 칠리소스가 완성된다.

로스트비프 아보카도 샌드위치

허브 향 가득한 올리브오일에 쇠고기를 마리네이드해서 구워 샌드위치에 넣었어요.

재료(2인분)

잡곡빵	4쪽
쇠고기 안심	100g
양상추	2장
토마토	1개
양파	1/4개
아보카도	1/2개
피망	1/2개
깻잎	4장
버터	조금
머스터드	2큰술

안심 마리네이드

올리브오일	1/2컵
로즈메리 · 타임 · 월계수잎	적당량
소금 · 후춧가루	조금씩

1 **야채 손질하기** 양상추와 깻잎은 씻어두고, 토마토는 슬라이스하고, 양파와 피망은 채 썰고, 아보카도는 2~3cm 폭으로 자른다.

2 **안심 마리네이드하기** 올리브오일에 로즈메리, 타임, 월계수잎, 소금, 후춧가루를 넣고 안심을 담가 3~4시간 마리네이드한다.

3 **로스트비프 구워 썰기** 마리네이드한 안심을 180℃로 예열한 오븐에 4분 정도 굽는다. 구워낸 로스트비프는 식혀서 얇게 저민다.

4 **양파 볶기** 버터를 두른 팬에 양파채를 넣고 아삭한 정도로 살짝 볶는다.

5 **빵에 재료 올리기** 빵 한쪽에 머스터드를 바르고 양상추, 토마토, 볶은 양파, 피망, 깻잎, 로스트비프, 아보카도 순으로 놓고 빵으로 덮는다.

Tip

각종 야채와 향신료로 맛을 낸 로스트비프

로스트비프란 덩어리째 오븐에 구운 쇠고기요리를 가리킨다. 여기서는 각종 향신료와 허브를 넣은 올리브오일에 마리네이드해서 굽지만, 고기에 소금과 후춧가루를 뿌려 밑간한 뒤 양파, 당근, 월계수잎 등을 넣고 팬에 굽고 다시 오븐에 넣어 30~40분간 굽는 방법도 있다. 로스트비프를 얇게 저며서 샌드위치에 넣으면 별미다.

망고 치킨 브레스트

우유에 삶아낸 닭가슴살과 달콤한 망고가 색다른 조화를 이룬 이색적인 샌드위치.

재료(2인분)

잡곡빵	4쪽
닭가슴살(100g)	2쪽
양상추	2장
도마도	1개
양파	1/2개
망고	1개
발사믹 식초	1/2큰술
머스터드	2큰술
소금 · 후춧가루 · 버터	조금씩

닭가슴살 삶을 때

우유	2컵
말린 로즈메리	1/2큰술

1 **닭가슴살 삶기** 우유에 로즈메리를 띄우고 닭가슴살을 넣어 중간 불에서 15~20분 정도 삶아 건진다.

2 **닭가슴살 굽기** 닭가슴살이 한 김 식으면 달군 팬에 소금, 후춧가루를 뿌려가며 센 불에서 굽는다. 구운 닭가슴살은 얇게 저민다.

3 **야채 준비하기** 양상추는 빵 크기에 맞게 자르고 토마토는 7mm 두께로 슬라이스한다. 양파는 채 썰고 망고는 넓적하게 슬라이스한다.

4 **양파 볶기** 팬에 버터를 두르고 양파를 볶다가 발사믹 식초를 넣어 마저 볶는다. 양파에 갈색이 돌면 불에서 내린다.

5 **빵에 재료 올리기** 빵 한쪽에 머스터드를 바르고 양상추, 토마토, 볶은 양파, 닭가슴살, 망고 순으로 올린 뒤 다른 빵으로 덮는다.

Tip

과일 샌드위치는 바로 먹어야 제맛
망고 치킨 브레스트처럼 과일이 들어간 샌드위치는 건강 샌드위치로 안성맞춤이다. 닭가슴살과 야채, 과일이 어우러져 균형 잡힌 한 끼 식사로도 손색없다. 단, 과일 샌드위치는 과즙이 빵을 눅눅하게 만들기 쉬우므로 만든 즉시 바로 먹는 게 좋다.

프로슈토 & 모차렐라 파니니

짭짤한 프로슈토와 올리브, 쫄깃한 모차렐라가 조화를 이루며 입맛을 돋우는 샌드위치.

재료(2인분)

잡곡빵(슬라이스)	4쪽
프로슈토	4장
슬라이스 모차렐라 치즈	1개
블랙 올리브	6개
반건조 토마토	4쪽
루콜라	4잎
씨겨자 소스	조금

1 **모차렐라 치즈 준비하기** 모차렐라 치즈는 빵을 덮을 수 있을 만한 크기로 잘라 준비한다. 빵보다 작을 경우 여러 장을 겹쳐서 빵 크기에 맞춘다.

2 **블랙 올리브·루콜라 손질하기** 블랙 올리브는 작게 송송 썰고, 루콜라는 물에 씻어 물기를 털어둔다.

3 **빵에 재료 올려 오븐에 굽기** 빵 한쪽에 씨겨자 소스를 바르고 루콜라, 반건조 토마토, 블랙 올리브, 모차렐라 치즈, 프로슈토 순으로 올려 오븐에 4~5분 정도 굽는다.

Tip

돼지 넓적다리를 숙성시켜 만든 프로슈토

프로슈토는 이탈리아에서 치즈 다음으로 많이 쓰이는 식자재로, 스페인에서는 '하몽'이라고 부른다. 돼지의 넓적다리를 소금에 절여 통째로 숙성시키기 때문에 상하지 않아 오랫동안 보관할 수 있다. 아주 얇게 슬라이스된 상태로 판매하며, 백화점이나 마트의 수입식품코너에서 구입할 수 있다. 고기의 향이 강하고 짠맛이 있어 수분이 많은 음식과 같이 먹으면 좋다. 샐러드나 전채요리에 자주 쓰인다.

홈메이드 햄 & 치즈 샌드위치

부드럽고 쫄깃한 호밀빵에 홈메이드 햄과 에멘탈 치즈를 넣어 만든 샌드위치.

재료(2인분)

호밀식빵	4쪽
수제햄	4~5장
슬라이스 에멘탈 치즈	4조각
토마토	1개
로메인	4장

허니 머스터드 스프레드

꿀	2큰술
머스터드	2큰술
마요네즈	4큰술

1 **빵 굽기** 호밀식빵은 토스터나 그릴에 살짝 굽는다.

2 **허니 머스터드 스프레드 만들기** 꿀과 머스터드, 마요네즈를 분량대로 섞어 스프레드를 만든다.

3 **햄과 야채 준비하기** 수제햄은 팬에 살짝 굽는다. 토마토는 7mm두께로 자르고, 로메인은 씻어둔다.

4 **빵에 재료 올리기** 빵에 허니 머스터드 스프레드를 바르고 로메인, 토마토, 수제햄, 에멘탈 치즈 순으로 올린 뒤 빵으로 덮는다.

5 **오븐에 굽기** 200℃의 오븐에 4~5분간 구워서 먹기 좋게 자른다.

Tip

쓴맛이 적고 아삭거리는 '로메인 레터스'
로메인 레터스는 상추의 한 종류로, 흔히 '로메인'이라고 불린다. 시저가 좋아한다고 해서 이름 붙여진 '시저스 샐러드(Caesar's Salad)'의 주재료로 쓰이며, 쓴맛이 적고 비타민과 미네랄이 풍부해서 다양한 샐러드와 샌드위치에 두루 쓰인다.

매콤 크랩 샌드위치

크랩의 쫄깃한 맛과 고추냉이의 매콤한 드레싱이 잘 어울리는 샌드위치.

재료(2인분)

빵(파니니)	2개
크랩(또는 게맛살)	200g
토마토	1개
상추	2장
로메인	2장
치커리	2장
비타민	1포기
버터	조금

고추냉이 소스

마요네즈	3큰술
고추냉이(갠 것)	1큰술

1 **빵 굽기** 쫄깃한 파니니를 준비해 가운데 깊숙이 칼집을 넣어 펼친 다음 오븐 토스터에 넣어 겉이 바삭해지도록 굽는다.

2 **크랩 준비하기** 크랩은 결대로 찢어 1cm 길이로 잘게 자른다.

3 **야채 준비하기** 상추, 로메인, 치커리, 비타민은 빵 크기에 맞게 손으로 뜯은 다음 씻어 물기를 뺀다. 토마토는 7mm 두께로 슬라이스한다.

4 **크랩과 고추냉이 버무리기** 썰어놓은 크랩에 고추냉이 소스를 넣고 가볍게 버무린다.

5 **빵에 재료 올리기** 빵에 버터를 바르고 상추, 로메인, 치커리, 비타민을 조금씩 올린 다음 고추냉이 소스에 버무린 크랩과 토마토를 올린다.

Tip

마요네즈 소스에 버무린 크랩 샐러드
크랩은 연하고 부드러워 샌드위치에 자주 이용되는 재료다. 크랩을 결대로 찢어 잘게 썬 다음 마요네즈 소스에 버무려 샌드위치에 넣으면 고소한 맛이 좋다. 마요네즈에 고추냉이를 조금 섞으면 크랩의 비린내를 없애고 감칠맛을 더할 수 있다.

케이준 치킨 샌드위치

매콤한 케이준 치킨을 좋아한다면 파니니와 함께 샌드위치를 만들어보세요.

재료(2인분)

빵(파니니)	2개
닭안심	4쪽
양상추	2장
오이피클(긴 것)	6~8개
토마토	1/2개
양파	1/4개
모차렐라 치즈	70g
소금 · 후춧가루	조금씩
식용유	적당량

케이준 치킨 튀김옷

케이준 가루	1큰술
밀가루	1/2컵
녹말가루	1/2컵
달걀노른자	1개분
얼음물	1/2컵

허니 머스터드소스

마요네즈	3큰술
머스터드	1큰술
꿀	1큰술
레몬즙	1작은술

1. **빵 준비하기** 파니니를 준비해 반으로 쪼갠다.

2. **닭안심 밑간하기** 닭안심에 소금, 후춧가루를 뿌려 10분 정도 밑간한다.

3. **양념옷 입혀 튀기기** 닭안심에 간이 배면 케이준 치킨 튀김옷을 입혀 170℃의 기름에 노릇하게 튀긴다.

4. **야채·치즈 준비하기** 양상추는 빵 크기에 맞게 뜯어놓고, 토마토는 7mm 두께로 슬라이스하고, 양파는 가늘게 채 썬다. 오이피클은 물기를 닦는다. 모차렐라 치즈는 토마토 크기로 슬라이스해서 준비한다.

5. **빵에 재료 올리기** 파니니에 허니 머스터드소스를 바르고 양상추, 양파, 토마토, 오이피클, 케이준 치킨, 모차렐라 치즈 순으로 올린 다음 빵으로 덮어 오븐에 4~5분 정도 굽는다.

Tip

바삭하고 고소한 케이준 치킨 만들기
케이준 치킨을 만들 때는 먼저 닭고기를 우유에 담가 누린내를 제거하고, 소금과 후춧가루로 밑간을 한 다음 얼음물로 반죽을 해 바로 튀긴다. 그래야 튀김이 바삭하고 고소하다.

포르마지오 버거

여러 가지 치즈가 들어가 맛과 영양이 풍부하고, 양배추 초절임이 입맛을 돋우는 버거.

재료(2인분)

포카치아	2개
루콜라	6장
양배추	60g
토마토	1/2개
양파	1개
버터	적당량
파르메산 치즈 가루	조금
식용유	적당량

패티 반죽

돼지고기	50g
쇠고기	150g
빵가루	4큰술
소금	1작은술
후춧가루	약간
달걀물	1/3개분

치즈 스프레드

리코타 · 마스카포네	20g씩
버팔로 · 고르곤졸라	20g씩
파르메산 치즈 가루	10g
마요네즈	2큰술

사워 크라우트(양배추 절임)

식초 · 설탕	3큰술씩

1 **빵 준비하기** 포카치아는 반으로 잘라 토스터에 굽는다.

2 **야채 준비하기** 루콜라는 물에 씻어 찬물에 담가두고 토마토는 둥글게 썬다. 양파는 동그랗고 얇게 썰어 버터를 두른 팬에 볶는다. 양배추는 0.5cm 폭으로 저며 썰어 사워 크라우트 양념에 절여둔다.

3 **패티 굽기** 패티 반죽 재료를 섞어 여러 번 치댄다. 패티를 2등분으로 나누어 둥글납작하게 모양을 빚는다. 팬에 기름을 두르고 패티를 넣어 약한 불에서 굽는다.

4 **재료 올리기** 포카치아에 치즈 스프레드를 바르고 루콜라, 사워 크라우트, 고기 패티, 토마토를 올린 뒤 볶은 양파와 파르메산 치즈 가루를 뿌린다.

Tip

독일식 양배추 김치, 사워 크라우트
김치처럼 발효시켜 새콤달콤한 맛이 나는 독일식 양배추 절임. 피클과 더불어 대표적인 서양 김치이다. 고기와 함께 먹거나 샌드위치에 넣어 먹는다. 소시지와 햄 등과 함께 기름에 볶아 먹기도 한다.

호밀바게트 트래디셔널

로스트비프와 터키 햄이 풍성하게 들어가 보기만 해도 군침 도는 샌드위치예요.

재료(2인분)

호밀빵	2개
시판 로스트비프(슬라이스)	50g
터키 햄(슬라이스)	4장
슬라이스 체더치즈	2장
토마토	1개
양상추	2장
양파	1/4개
할라피뇨	2개
스파이스 가루	조금
버터	조금

랜치 드레싱

포도씨오일	1/2컵
달걀노른자	1개분
물엿	1큰술
식초	1/2큰술
소금	1/2작은술

1 **빵 준비하기** 호밀빵은 반으로 잘라 버터를 바른다.

2 **야채 준비하기** 토마토는 도톰하게 슬라이스하고, 양상추와 양파는 토마토와 같은 폭으로 썬다. 할라피뇨는 다지듯이 송송 썬다.

3 **랜치 드레싱 만들기** 달걀노른자에 포도씨오일을 조금씩 넣어가며 거품기로 저어 섞는다. 한꺼번에 많이 넣으면 분리되므로 조금씩 넣는다. 포도씨오일이 다 섞이면 물엿과 식초, 소금을 넣고 섞는다.

4 **빵에 재료 올리기** 호밀빵 양쪽에 랜치 드레싱을 바르고 양파, 터키 햄, 체더치즈, 로스트비프, 토마토를 올린 다음 200℃의 오븐에 1분간 굽는다. 샌드위치 가운데에 양상추와 할라피뇨를 끼워 넣고 빵을 덮어 완성한다.

Tip

할라피뇨는 적당히 넣는다
할라피뇨는 피클과 함께 고기나 스테이크를 먹을 때 함께 나오는 멕시코 고추다. 옐로 할라피뇨는 고추 모양 그대로 노란색을 띠는 것이고, 그린 할라피뇨는 피클 모양처럼 생겨 얇게 썰어놓은 것이다. 식초와 설탕에 절였기 때문에 매운맛이 희석되기는 했지만 많이 넣으면 매운맛이 강해서 제 맛을 잃기 쉬우니 양을 잘 조절해야 한다.

치킨 베이컨 랜치

바삭하게 구운 빵과 새콤하고 고소한 랜치 드레싱이 닭가슴살과 잘 어우러져요.

재료(2인분)

호밀빵	2개
닭가슴살(100g)	2쪽
토마토	1개
양파	1/4개
양상추	2장
베이컨(10㎝ 길이)	4장
슬라이스 체더치즈	2장
허브 가루	조금
버터	조금

랜치 드레싱

포도씨오일	1/2컵
달걀노른자	1개분
물엿	1큰술
식초	1/2큰술
소금	1/2작은술

닭가슴살 양념

소금 · 후춧가루	조금씩
다진 양파	1/2개분
다진 생강	1쪽분

1 **빵에 버터 바르기** 호밀빵은 반으로 잘라 안쪽에 버터를 바른다.

2 **닭가슴살 찌기** 닭가슴살을 양념에 20분 정도 재두었다가 찜통에 찐다. 찐 닭가슴살은 굵게 찢어 1cm 정도로 잘게 썬다.

3 **야채 준비하기** 토마토는 도톰하게 슬라이스하고, 양상추와 양파는 토마토와 같은 폭으로 썬다. 베이컨은 팬에 바짝 구워 기름을 닦는다.

4 **빵에 재료 올리기** 빵의 양쪽에 랜치 드레싱을 바른 뒤 양파, 닭가슴살, 베이컨, 체더치즈, 토마토를 올리고 허브 가루를 뿌려 200℃ 오븐에 1분간 굽는다. 샌드위치 가운데에 양상추를 끼우고 빵을 덮어 완성한다.

Tip

양상추의 아삭함을 살리려면
빵에 재료를 모두 넣고 오븐에 구워내는 샌드위치는 야채의 신선한 맛을 살리기가 쉽지 않다. 야채를 함께 넣으면 오븐에서 익어 풀이 죽어버리기 때문이다. 그렇기 때문에 양상추는 오븐에서 꺼낸 뒤 샌드위치에 끼워 넣어야 한다. 좀 더 신선하고 아삭한 맛을 즐기려면 토마토도 오븐에서 꺼낸 뒤 양상추와 함께 끼워 넣는다.

치킨 랩

고기와 야채를 듬뿍 넣고 부드럽게 녹은 치즈를 뿌려 토르티야에 말아 먹는 치킨랩.

재료(2인분)

재료	분량
닭가슴살(100g)	2쪽
토마토	1/2개분
양파	1/2개
시금치	60g
할라피뇨	2개
사워크림	2~3근술
파르메산 치즈 가루	1큰술
임실 치즈	20g
몬테레이 잭 치즈	20g
토르티야(지름 15cm)	4장
올리브오일	3큰술
소금 · 후춧가루	조금씩

살사 소스

다진 양파	1큰술
다진 토마토	1큰술
다진 고추피클	1/2큰술
칠리소스	1/2큰술

1 **닭가슴살 굽기** 닭가슴살은 소금·후춧가루로 간을 해서 팬에 굽는다. 속까지 충분히 익으면 한 김 식혀서 사방 1cm 크기로 썬다.

2 **야채·치즈 준비하기** 토마토와 양파는 사방 1cm 크기로 썰고, 할라피뇨는 채 썰고, 치즈는 각각 잘게 자른다. 시금치는 데쳐서 물기를 짠다.

3 **토르티야에 재료 올리기** 토르티야에 사워크림을 바르고 닭가슴살과 야채, 치즈를 골고루 얹어 돌돌 말아준다.

4 **오븐에 굽기** 팬에 올리브오일을 두른 뒤 ③의 치킨랩을 올려 노릇하게 굽고 200℃의 오븐에 넣어 5~10분 정도 굽는다. 살사 소스를 함께 낸다.

Tip

홈메이드 토르티야 만들기

토르티야는 마트 냉동식품코너에서 팔지만 만들어 써도 좋다. 지름 15cm 4장 정도를 만들려면 박력분 100g, 베이킹파우더·소금 1/2작은술씩, 올리브오일 1큰술, 따뜻한 물 1/2컵이면 된다. 먼저 박력분과 베이킹파우더를 체에 내린 뒤 소금과 올리브오일을 섞는다. 반죽에 기름이 흡수되면 따뜻한 물을 넣고 반죽한 뒤 비닐봉지에 담아 20분 휴지시킨다. 이것을 4등분해 동그랗게 빚은 뒤 지름 15cm 정도가 되게 밀대로 밀면 된다.

리스컴이 펴낸 책들

• 요리

그대로 따라하면 엄마가 해주시던 바로 그 맛
한복선의 엄마의 밥상

일상 반찬, 찌개와 국, 별미 요리, 한 그릇 요리, 김치 등 웬만한 요리 레시피는 다 들어있어 기본 요리실력 다지기부터 매일 밥상 차리기까지 이 책 한 권이면 충분하다. 누구든지 그대로 따라 하기만 하면 엄마가 해주시던 바로 그 맛을 낼 수 있다.

한복선 지음 | 312쪽 | 188×245mm | 16,000원

기초부터 응용까지 이 책 한 권이면 끝!
한복선의 친절한 요리책

요리 초보자를 위해 대한민국 최고의 요리전문가 한복선 선생님이 나섰다. 칼 잡는 법부터 재료 손질, 맛내기까지 친정엄마처럼 꼼꼼하고 친절하게 알려주는 이 책에는 국, 찌개, 반찬, 한 그릇 요리 등 대표 가정요리 221가지 레시피가 들어있다.

한복선 지음 | 308쪽 | 188×254mm | 15,000원

먹을수록 건강해진다!
나물로 차리는 건강밥상

생나물, 무침나물, 볶음나물 등 나물 레시피 107가지를 소개한다. 기본 나물부터 토속 나물까지 다양한 나물반찬과 비빔밥, 김밥, 파스타 등 나물로 만드는 별미 요리를 담았다. 메뉴마다 영양과 효능을 꼼꼼히 알려주고, 월별 제철 나물 캘린더, 나물요리의 기본 요령도 알려준다.

리스컴 편집부 | 160쪽 | 188×245mm | 12,000원

바쁜 직장인에게 꼭 맞춘 일주일 식단
매일매일 맛있는 집밥

일 년 동안 먹을 수 있는 370여 가지 요리가 담겨 있다. 월별로 파트를 나누어 봄·여름·가을·겨울에 어울리는 제철 식품으로 만든 다양한 요리를 소개한다. 요일별로 아침, 저녁 식단이 있어 반찬 걱정 없이 고른 영양 섭취를 할 수 있다.

손성희 지음 | 288쪽 | 210×265mm | 14,000원

지금 바로 쉽게 따라 할 수 있는 레시피
오늘요리

이것저것 갖춰 먹기 쉽지 않은 바쁜 현대인들을 위한 요리책. 각종 미디어에 레시피를 제공하고 요리 칼럼을 연재한 저자가 실생활에서 자주 해 먹는 요리들을 담아내 더욱 믿음이 간다. 간단하고 실용적인 레시피로 매 끼니 힘들이지 않고 식탁을 차려보자.

김경미 지음 | 216쪽 | 188×245mm | 13,000원

내 몸에 약이 되는 우리 음식
우리몸엔 죽이 좋다

맛있고 몸에 좋은 건강죽을 담은 책. 우리 음식의 대가 한복선 요리연구가가 오랜 노하우를 담아 전통 죽은 물론, 현대인에게 필요한 영양죽, 약재를 넣어 건강을 되찾아주는 약죽 등을 소개한다.

한복선 지음 | 152쪽 | 210×265mm | 12,000원

우리 식탁엔 우리 음식
일주일 밑반찬 사계절 장아찌

주부들의 반찬 고민을 덜어주는 밑반찬 요리책. 장조림, 마른반찬, 깻잎장아찌 등 대표 밑반찬과 슬로푸드 장아찌, 새콤달콤한 피클, 입맛 살리는 젓갈 75가지가 담겨있다. 만들기 쉽고, 전통의 맛을 살린 레시피가 가득하다.

최승주 지음 | 144쪽 | 210×265mm | 9,800원

나와 지구를 위한 조금 다른 식탁
베지테리언 레시피

건강과 환경을 생각하는 사람들을 위한 채식요리 레시피 북. 전 세계적으로 100만 명 이상이 구독하고 있는 유튜브 채널 'Peaceful Cuisine'에서 검증된 인기 레시피들을 모았다. 레시피마다 요리 동영상 QR코드를 수록해 누구나 쉽게 따라 할 수 있다.

타카시마 료야 지음 | 152쪽 | 188×245mm | 13,000원

자랑하고 싶은 요리
나의 쿡스타그램 레시피

SNS 활동에 활용하기 딱 좋은 비주얼 요리책이다. 샐러드와 아침식사, 한 그릇 밥·국수, 도시락, 별식과 안주 등 특히 혼족들에게 안성맞춤인 음식들을 감각적인 사진에 담았다. 푸드스타일리스트의 특별한 레시피와 스타일링 노하우를 배울 수 있다.

하영아 지음 | 176쪽 | 170×200mm | 13,000원

빠르고 간단하게, 영양 많고 맛있게
Everyday 달걀

누구나 쉽게 만들어 건강하게 즐기는 달걀 레시피. 밥반찬부터 일품요리, 샐러드, 디저트, 음료까지 다양한 달걀요리를 담았다. 완전식품 달걀을 준비하는 간단한 아침식사로, 건강을 위한 웰빙식으로, 날씬한 몸매를 가꾸는 다이어트식으로, 후다닥 준비하는 간식으로 멋지게 즐겨보자.

손성희 지음 | 136쪽 | 190×245mm | 10,000원

천연 효모가 살아있는 건강 빵
천연발효빵

맛있고 몸에 좋은 천연발효빵을 소개한 책. 단순한 홈 베이킹의 수준을 넘어 건강한 빵을 찾는 웰빙족을 위해 과일, 채소, 곡물 등으로 만드는 천연 발효종 20가지와 천연 발효종으로 굽는 건강빵 레시피 62가지를 담았다.

고상진 지음 | 200쪽 | 210×275mm | 13,000원

바쁜 사람도, 초보자도 누구나 쉽게 만든다
무반죽 원 볼 베이킹

누구나 쉽게 맛있고 건강한 빵을 만들 수 있도록 돕는 책. 61가지 무반죽 레시피와 전문가의 Plus Tip을 담았다. 이제 힘든 반죽 과정 없이 볼과 주걱만 있어도 집에서 간편하게 빵을 구울 수 있다. 초보자에게도, 바쁜 사람에게도 안성맞춤이다.

고상진 지음 | 200쪽 | 188×245mm | 14,000원

내 몸이 가벼워지는 시간
샐러드에 반하다

영양을 골고루 담은 한 끼 샐러드, 간편한 도시락 샐러드, 저칼로리 샐러드, 곁들이 샐러드 등 쉽고 맛있는 샐러드를 담았다. 칼로리를 조절할 수 있도록 총칼로리와 드레싱 칼로리를 함께 표시한 것이 특징이다. 45가지 드레싱도 알려준다.

장연정 지음 | 168쪽 | 210×256mm | 12,000원

로푸드 다이어트 레시피 103
로푸드 디톡스

로푸드는 체내의 독소를 제거하고 면역력을 높여줘 자연스럽게 다이어트까지 이어지도록 한다. 로푸드 레시피 103개와 주스 펄프 사용법, 활용도 만점 드레싱 등 플러스 레시피가 수록돼있어 로푸드가 낯선 사람도 어렵지 않게 시작할 수 있다.

이지연 지음 | 216쪽 | 210×265mm | 12,000원

내 몸을 건강하게 하는 1주일 디톡스 프로그램
프레시 주스 & 그린 스무디

신선한 과일과 채소로 만든 66가지 주스 레시피를 담은 책. 주스뿐만 아니라 재료의 영양이 살아있는 스무디 원기를 충전해주는 부스터 샷까지 있어 건강과 맛을 동시에 챙길 수 있다.

펀 그린 지음 | 이지은 옮김 | 164쪽 | 170×230mm | 12,000원

내 몸 상태에 따라 마시는 건강주스
몸에 좋은 과일 · 야채주스

몸에 좋은 건강 음료 140여 가지를 소개한 책. 비타민과 미네랄, 섬유질이 풍부한 생야채 녹즙부터 각종 유기산과 비타민 C가 풍부한 과일주스, 단백질과 불포화 지방산, 비타민 B1 · B2와 미네랄이 풍부한 곡물음료, 신경 안정과 질병 개선을 돕는 한방차 만드는 방법을 알려준다.

김경분 지음 | 136쪽 | 190×255mm | 9,800원

인기 디저트 카페의 스위트 레시피
달콤한 나의 디저트

분위기 좋은 카페와 맛있는 디저트를 소개하는 책. 디저트 카페의 주소, 찾아가는 방법, 영업시간, 메뉴에 대한 정보와 인기 디저트의 레시피를 공개해서 카페를 제대로 즐길 수 있도록 도와준다.

이미리 지음 | 184쪽 | 170×230mm | 12,000원

최고의 브런치 카페에서 추천한 인기 메뉴 57가지
잇 스타일 브런치

대표 브런치 카페와 인기 브런치 레시피를 알려주는 카페 가이드북 겸 요리책. 브런치를 유행시킨 '수지스'를 비롯해 유명 스타들의 단골 레스토랑 '다이닝텐트', 효자동의 '카페 고희' 등의 자세한 소개와 사진이 담겨있다.

리스컴 편집부 | 180쪽 | 180×260mm | 11,000원

손님상에, 도시락에… 센스를 뽐내세요
과일 예쁘게 깎기

30여 가지의 과일과 채소를 예쁘고 먹기 좋게 깎을 수 있도록 소개한 책. 꽃 · 동물 · 나뭇잎 모양 등 60여 가지의 다양한 깎기와 모양내기 방법을 과정 사진과 함께 자세히 알려준다. 과일음료, 과일잼, 과일주 등 응용 요리도 담겨있다.

구본길 지음 | 144쪽 | 190×230mm | 9,800원

알면 알수록 특별한 술
와인 & 스피릿

포도 품종과 지역별 특징, 고르는 법, 라벨 읽는 법, 마시는 법까지 와인의 모든 것을 자세히 알려주는 지침서. 소믈리에가 추천한 100가지 와인 리스트는 초보자도 와인을 성공적으로 고를 수 있도록 도와준다. 비즈니스에서 빼놓을 수 없는 양주에 대해서도 알려준다.

김일호 지음 | 216쪽 | 152×225mm | 12,000원

리스컴이 펴낸 책들

• 여행 | 에세이

제주에서 만난 길, 바다, 그리고 나
나 홀로 제주
혼자 떠난 제주에서 만난 관광지, 맛집, 카페, 숙소 등을 소개한 책. 제주를 북서부, 북동부, 남동부, 남서부 네 개 지역으로 나눠 자세히 소개하고, 혼자 여행을 떠난 사람들이 알아두면 좋은 팁과 플리마켓, 오일장 등의 정보도 담았다.

장은정 지음 | 296쪽 | 138×188mm | 13,000원

현지인이 알려주는 싱가포르의 또 다른 모습들
지금 우리, 싱가포르
싱가포르는 작지만 멋진 풍경과 먹을거리, 즐길 거리 등이 풍성한 매력적인 여행지다. 이 책은 4년간의 싱가포르 생활을 통해 쌓은, 살아있는 정보들을 알려주는 여행 책이다. 유명 여행지는 물론 현지인만 아는 숨은 명소, 경험으로 얻은 꿀팁 등을 담았다.

최설희 글, 장요한 사진 | 276쪽 | 138×188mm | 13,500원

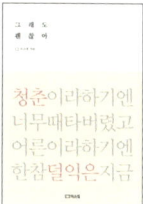

우근철 위로 에세이
그래도 괜찮아
100여 장의 사진과 70여 개의 이야기로 험난한 시대를 사는 청춘들에게 따뜻한 공감을 선물하는 사진 에세이. 초청 개인전을 열 정도로 뛰어난 사진 실력을 갖춘 작가의 사진과 페이스북에서 수많은 사람들의 사랑을 받은 글이 이 책의 가치를 더욱 높여준다.

우근철 지음 | 200쪽 | 138×190mm | 13,000원

낯선 도시로 떠나 진짜 인생을 찾는 이야기
내가 누구든, 어디에 있든
낯선 도시 뉴욕에서 꿈을 살다 온 청춘의 이야기. 꿈, 희망, 행복, 친구, 여행 등을 담아낸 73개의 담백한 에피소드와 다양한 그림, 사진을 실었다. 이 책의 모든 그림들은 뉴욕에서 아트북을 출간할 정도로 감각적인 실력을 갖춘 김나래 작가가 직접 그렸다.

김나래 지음 | 240쪽 | 138×188mm | 13,000원

꿈꾸는 청춘을 위한 공감 에세이
지금 여기, 그리고 나
오늘이 힘겹고 내일이 불안한 청춘에게 위로와 용기를 주는 그림 에세이. 지친 마음을 따뜻하게 다독이며, 스스로를 믿고 앞으로 나아가라고 말한다. 위로, 용기, 꿈, 시작 네 가지 주제를 담고, 모든 글에 감성적인 일러스트를 함께 실어 공감이 배가된다.

김나래 지음 | 192쪽 | 138×188mm | 13,000원

• 인테리어 | DIY

쉬운 재단, 멋진 스타일
내추럴 스타일 원피스
직접 만들어 예쁘게 입는 27가지 스타일 원피스. 모든 원피스마다 단계별, 부위별로 자세한 과정을 일러스트로 설명해준다. S, M, L 사이즈로 나뉜 실물 크기 패턴도 함께 수록되어 있어 재봉틀을 처음 배우는 초보자라도 뚝딱 만들 수 있다.

부티크 지음 | 112쪽 | 210×256mm | 10,000원

트러블·잡티·잔주름 없는 명품 피부의 비결
홈메이드 천연화장품 만들기
피부를 건강하고 아름답게 만들어주는 홈메이드 천연화장품 레시피 북. 클렌저, 로션, 세럼, 팩, 보디 케어 제품, 비누, 목욕용품 등 고급스럽고 내추럴한 천연화장품 35가지가 담겨 있다. 단계별 사진과 함께 자세히 설명되어 있어 누구나 쉽게 만들 수 있다.

카렌 길버트 지음 | 152쪽 | 190×245mm | 13,000원

집 구하기부터 배치, 수납, 인테리어까지
한 권으로 끝내는 신혼 인테리어
집 구하기부터 공간 배치, 수납, 가구 고르기, 인테리어 장식에 이르기까지 신혼집 인테리어의 모든 것을 알려주는 책. 남다른 감각이나 특별한 기술이 없어도 이 책에서 가르쳐주는 각 테마별 가이드라인을 하나하나 따라가다 보면 전체적으로 정돈된 멋진 인테리어가 완성된다.

카와카미 유키 지음 | 234쪽 | 153×214mm | 13,000원

작은 공간을 두 배로 늘려주는
정리와 수납 아이디어 343
'숨은 공간'을 활용하여 정리와 수납을 완성하도록 도와주는 책. 이 책에는 수납 전문가들의 노하우가 한가득 담겨있다. 기발한 아이디어를 사진으로 만나볼 수 있다. 다양한 사례를 접하다 보면 깔끔하게 정리하는 기술이 점점 눈에 들어올 것이다.

오렌지페이지 지음 | 128쪽 | 210×275mm | 10,000원

수납부터 가구배치까지… 인테리어 아이디어 50
좁은 집 넓게 쓰는 정리의 기술
좁은 집, 좁은 방을 좀 더 넓게 쓰고 싶은 사람을 위한 인테리어 책. 인테리어 전문가인 저자가 실제 사례를 바탕으로 집 안을 넓고 예쁘게 바꾸는 방법 50가지를 제안한다. 정리정돈부터 가구배치, 소품배열 등 인테리어 테크닉이 가득 담겨있다.

카와카미 유키 지음 | 136쪽 | 170×220mm | 12,000원

• 건강

하루 15분
필라테스 홈트

필라테스는 자세 교정과 다이어트 효과가 매우 큰 신체 단련 운동이다. 이 책은 전문 스튜디오에 나가지 않고도 집에서 얼마든지 필라테스를 쉽게 배울 수 있는 방법을 알려준다. 난이도에 따라 15분, 30분, 50분 프로그램으로 구성해 누구나 부담 없이 시작할 수 있다.

박서희 지음 | 128쪽 | 215×290mm | 11,200원

아침 5분, 저녁 10분
스트레칭이면 충분하다

몸은 튼튼하게 몸매는 탄력있게 가꿀 수 있는 스트레칭 동작을 담은 책. 아침 5분, 저녁 10분이라도 꾸준히 스트레칭하면 하루하루가 몰라보게 달라질 것이다. 아침저녁 동작은 5분을 기본으로 구성, 좀 더 체계적인 스트레칭 동작을 위해 10분, 20분 과정도 소개했다.

박서희 지음 | 88쪽 | 215×290mm | 8,000원

아기는 건강하게, 엄마는 날씬하게
소피아의 임산부 요가

임산부의 건강과 몸매 유지를 위해 슈퍼모델이자 요가 트레이너인 박서희가 제안하는 맞춤 요가 프로그램. 임신 개월 수에 맞춰 필요한 동작을 사진과 함께 자세히 소개하고, 통증을 완화하는 요가, 남편과 함께 하는 커플 요가, 회복을 돕는 산후 요가 등도 담았다.

박서희 지음 | 176쪽 | 170×220mm | 12,000원

건강은 생활습관입니다!
아프지 않고 건강하게 사는 생활실천법

장수박사로 유명한 유태종 교수가 동서양의 건강 장수 비법을 모두 모아 정리한 책. 생활습관, 식사법, 운동법, 마음건강법 등 4개의 장으로 나누어 건강과 장수의 이론과 실제 사례, 구체적인 생활실천법을 소개한다.

유태종 지음 | 256쪽 | 152×223mm | 13,000원

꼭 알아야 할 치료법과 생활관리법, 환자 돌보기
파킨슨병 이렇게 하면 낫는다

파킨슨병을 앓는 환자들도 삶을 즐길 수 있도록 치료와 생활습관 개선 등을 담은 책. 다양한 증상을 종합해서 알기 쉽게 정리했고, 환자들이 먹어야 하는 약뿐만 아니라 치료에 도움이 되는 운동요법, 환자의 자립을 돕는 생활습관, 가족이 알아야 할 유용한 팁 등 파킨슨 환자들에게 도움이 되는 정보를 담았다.

사쿠나 마나부 감수 | 160쪽 | 182×235mm | 12,000원

• 육아

산부인과 의사가 들려주는 임신 출산 육아의 모든 것
똑똑하고 건강한 첫 임신 출산 육아

임신 전 계획부터 산후조리까지 현대를 살아가는 임신부를 위한 똑똑한 임신 출산 교과서. 20년 산부인과 전문의가 인터넷 상담, 방송 출연 등을 통해 알게 된, 임신부들이 가장 궁금해하는 것과 꼭 알아야 것들을 알려준다.

김건오 지음 | 352쪽 | 190×250mm | 17,000원

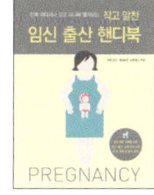

언제 어디서나 갖고 다니며 펼쳐보는
임신 출산 핸디북

가방 속에 갖고 다니면서 볼 수 있는 작은 크기의 임신 가이드북. 임신 준비부터 출산 직후까지 8개 챕터로 나누어 임신부가 알아야 할 기본 상식을 차근차근 알려준다.

사라 조던 · 데이비드 우프버그 지음 | 서예진 옮김 | 240쪽 | 140×185mm | 12,000원

초보 엄마가 꼭 알아야 할 육아 매뉴얼
사진으로 한눈에 익히는 0~12개월 아기 돌보기

초보 엄마 아빠에게 꼭 필요한 육아 가이드북. 출생 후 12개월까지 안아주기, 수유하기, 기저귀 갈기, 달래기, 목욕시키기 등 아이 돌보기의 모든 것이 풍부한 사진과 함께 상세히 설명되어 있어 쉽게 따라 할 수 있다.

프랜시스 윌리엄스 지음 | 112쪽 | 190×260mm | 10,000원

엄마와 아기가 함께 하는 사랑의 스킨십
튼튼~ 쑥쑥~ 아기 마사지

전문가에게 직접 마사지를 받지 않아도 집에서 엄마의 손길로 해줄 수 있는 마사지 방법이 모두 소개되어 있다. 발육뿐 아니라 아기의 불편한 증상을 완화시키는 방법도 풍부하다. 아기 몸의 특징, 베이비 마사지의 효과와 방법, 소화불량 · 식욕부진 · 변비 해소 등 아기의 다양한 증상별 마사지법이 담겨 있다.

야마다 미츠토시 지음 | 136쪽 | 140×185mm | 9,800원

독서와 질문으로 생각하는 힘 키우기
하브루타 창의력 수업

교육 1번지 대치도서관 관장이 경험을 바탕으로 유대인의 교육법인 하브루타와 독서를 접목한 '하브루타 독서법'을 소개한다. 함께 책을 읽고 질문하고 토론함으로써 아이들의 사고력과 창의력을 키우는 기적의 독서법이다. 가정에서 부모가 아이와 함께 진행할 수 있도록 상세한 방법과 사례를 담았다.

유순덕 지음 | 216쪽 | 152×223mm | 13,000원

유익한 정보와 다양한 이벤트가 있는
리스컴 블로그로 놀러 오세요!

홈페이지 www.leescom.com
리스컴 블로그 blog.naver.com/leescomm
페이스북 facebook.com/leescombook

오늘은 샌드위치[×]

요리 | 안영숙
사진 | 선우형준
진행 | 민혜경

편집 | 김연주 이희진 이한영
디자인 | 이소영 이지원
마케팅 | 김종선 이진목
경영관리 | 남옥규

출력·인쇄 | HEP

펴낸이 | 이진희
펴낸곳 | (주)리스컴

초판 1쇄 | 2016년 9월 26일
초판 4쇄 | 2018년 10월 16일

주소 | 서울시 강남구 광평로 295, 사이룩스 서관 1302호
전화번호 | (대표번호)02-540-5192
        (마케팅)02-544-5934, 5944
        (편집)02-544-5922, 5933 / 540-5193

FAX | 02-540-5194
등록번호 | 제2-3348

ISBN 979-11-5616-109-7 13590
책값은 뒤표지에 있습니다.